U0240085

鲸叹

探秘太平洋里的庞然大物

〔美〕利 · 卡尔韦◎著

莫红娥◎译

北京科学技术出版社

著作权合同登记号　图字：01-2020-0918

图书在版编目（CIP）数据

鲸叹 /（美）利・卡尔韦著；莫红娥译. —北京：北京科学技术出版社，2020.12
书名原文：The Breath of a Whale
ISBN 978-7-5714-1119-0

Ⅰ. ①鲸… Ⅱ. ①利… ②莫… Ⅲ. ①鲸－普及读物 Ⅳ. ① Q959.841-49

中国版本图书馆 CIP 数据核字 (2020) 第 161384 号

策划编辑：李　玥　邢铮铮
责任编辑：付改兰
责任校对：贾　荣
图文制作：天露霖文化
责任印制：张　良
出 版 人：曾庆宇
出版发行：北京科学技术出版社
社　　址：北京西直门南大街16号
邮政编码：100035
电　　话：0086-10-66135495（总编室）　0086-10-66113227（发行部）
网　　址：www.bkydw.cn
印　　刷：三河市国新印装有限公司
开　　本：889mm × 1194mm　1/32
字　　数：150千字
印　　张：7.375
版　　次：2020年12月第1版
印　　次：2020年12月第1次印刷
ISBN 978-7-5714-1119-0

定　　价：68.00元

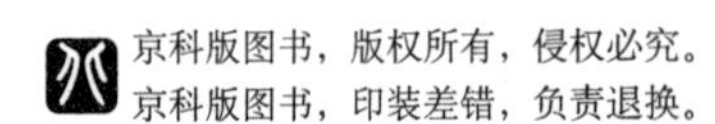

作者手记

这不是一本观鲸指南，但世界上最大的哺乳动物的信息，尽在其中。关于鲸鱼的故事，有些是我亲眼所见、亲身经历的，因此也是我的故事。一本《鲸叹》，愿你读有所得。

目 录

前　言

海豚的启示

海水温暖、清澈，我一直游到凯阿拉凯夸湾中部，这里是夏威夷岛的背风面。阳光穿过海面，在海底波纹状的沙地上跳动，折射出七彩的光影。海豚的声音在我耳边回荡，越游向大海深处，我越兴奋。我想找到某些答案。我想知道像海豚一样生活在大海里是何种感觉，但又不想因为一己私欲去惊扰原本在自己的地盘上自在而安宁地生活着的它们。海豚的一举一动，我能准确解读吗？这个时候游到它们中间，时机合适吗？身为人类我感到惭愧。人类给它们造成了致命的伤害：用渔网诱捕它们，阻断它们的食物源，倾倒垃圾，排放有毒物质，制造海洋噪声……我想，还是游回海滩吧。就在这时，它们出现了。

我忘了一共来了多少海豚，只记住了两只漂亮的海豚——海豚妈妈和海豚宝宝。海豚妈妈身材苗条，从细长的吻到尾鳍像披着一件灰蓝色的披风。它的身体两侧各有一条浅灰色的条纹，从前额一直延伸到尾鳍，宛若一条优美的分界线；它的腹部白得耀眼。它的两眼之间是一张深灰色的脸庞，带着温柔而神秘的微笑，宛若海中的圣母玛利亚。那只海豚宝宝是妈妈的迷你版，尚未褪去的婴儿肥让它显得胖嘟嘟的。当海豚妈妈允许海豚宝宝在我和它之间游动时，我确信没有惊扰到它。

我松了口气，正觉得好奇，就发现海豚妈妈带着海豚宝宝慢慢向我游过来，离我更近了。其他海豚已经游走了，大海里只剩下我们仨。海豚妈妈看着我的眼睛，开始绕着我转，海豚宝宝依然在我和海豚妈妈中间游动。我在水中缓缓游动，避免吓到海豚妈妈。我一边侧着身子游一边看着它们。“你的宝宝好漂亮。”我在心里对海豚妈妈说。我忍住不笑，以免海水灌进我的面镜。海豚妈妈是在把它的宝宝介绍给我，还是在把我介绍给它的宝宝？我的心受到莫大的触动，觉得自己几乎要停止呼吸。泪水模糊了我的双眼，我眨了眨，泪珠滚落下来。

我提醒自己呼吸。几次深呼吸后，我恢复了平静。这时候两只海豚待在水中一动不动，我也和它们一样漂着。我的大脑停止了思考，一片空白，仿佛进入了冥想状态。我忽然听见自己心底有个声音：不必因身为人类而感到愧疚，你们是守护者。

我回过神来，深吸了几口气。刚才冒出来的想法以前从未有过。温暖的海水从我背上流过。海豚妈妈一直凝视着我，那温柔而会心的微笑摄人心魄。它好像对我信心十足，觉得我作为一名守护者自有分寸。在我内心深处某个未曾敞开的角落，我接纳了自己身为人类的事实，也接纳了我在这个世界上作为守护者的身份。海豚妈妈和海豚宝宝又围着我游了起来，我们就这样并排向前游去。胖嘟嘟的海豚宝宝跟在妈妈身边，一直向前游。过了一会儿，海豚妈妈快速碰了我一下，像是在与我告别。我们的偶遇到此为止。我怔怔地看着它们消失在灰蓝色的大海里，不知所踪。

自从那次与海豚亲密接触之后，我一直想弄明白“你们是守护者”是什么意思。多年来，我一直在思考这句话对我自己、对其他人的含义。我意识到，作为一名研究海豚的科学家，我就是海豚的代言人。我研究它们是为了保护它们。作为一名守护者，我有责任分享我所知道的有关它们的知识。但直到现在，我也没能真正参透我心底那个声音的前半部分——不必因身为人类而感到愧疚——到底是什么意思。

启航：与鲸鱼的第一次相遇

座头鲸

（拉丁学名：*Megaptera novaeangliae*）

座头鲸这种生物有些“极端”。它是海洋中的大型哺乳动物之一，体色从灰白色到黑色不等，体长可达50英尺（15.2米）以上，比一辆公共汽车还要长。座头鲸的体重可达45吨，大约是陆地上最大的动物——非洲象的7倍。座头鲸的胸鳍长15英尺（4.6米），在浩瀚的海洋中遨游时，它的胸鳍会像鸟的翅膀一样伸展开来。座头鲸的胸鳍是所有鲸目动物中最长的。座头鲸的拉丁学名为*Megaptera novaeangliae*，意思是“大翼新英格兰居民”。新英格兰附近的座头鲸的“翼”（即胸鳍）是白色的。在浮游生物遍布的北大西洋，座头鲸的胸鳍闪着绿色的光泽，但是在太平洋，它们的胸鳍通常呈灰蓝色，颜色与头部和背部的颜色一致，腹部则呈白色。座头鲸的尾鳍伸展开后长度与小汽车的长度相当。它们尾鳍的背面有黑白相间的独特图案，就像人类的指纹一样，可以用来识别身份。

鲸目主要分为两个亚目，即须鲸亚目和齿鲸亚目。座头鲸属于须鲸亚目，没有牙齿。在它们口腔两侧本应生长牙齿的部位，长着270~400片长约3英尺（0.9米）的鲸须，其成分为角蛋白。角蛋白也是指甲的主要成分。鲸须悬垂于口腔两侧，内侧布满须毛，就像灯罩上垂下来的流苏，用来捕食。作为须鲸亚目下须鲸科（英文名为rorqual，源自挪威语，意为“布满褶皱的鲸鱼”）家族中的一员，座头鲸的喉咙里有36道褶皱，吞食猎物时，这些褶皱会像手风琴一样张开。进食时，座头鲸会一口吞进大量鱼虾和海水。有人曾根据海滩上一头身体发胀的鲸鱼的尸体的情况估算鲸鱼口腔的容量，得出的结论是一头鲸鱼的口腔可以装下1.6万加仑（60.6立方米）的水。不过现在人们一般认为，一头鲸鱼的口腔可以装下5000加仑（18.9立方米）的水。座头鲸用它强有力的舌头把水从鲸须中挤出，只留下鱼虾，就算海洋中最小的鱼虾也休想逃脱。一头座头鲸每天大约需要1吨食物，个头只有回形针那么大的磷虾，以及成群的鲑鱼、玉筋鱼、鲱鱼、凤尾鱼等都是它的食物。

夏季，座头鲸的觅食范围在北纬地区；而一到冬季，它们就得游到夏威夷和墨西哥附近的海域，这段时间它们不进食。在至少30天的时间里，它们大约要游3000英里（4828.0千米），去做比进食更重要的事情——交配，以及找个地方为后面的生产做准备。在接下来的4~6个月的时间里，成年座头鲸的体重大约会减少15吨，因为雄性座头鲸要为交配而互相争斗，雌性座头鲸要产下并哺育重2000磅（0.9吨）的幼鲸。清澈透明的热带海水几乎不能给这些鲸鱼提供什么食物。

当鲸鱼在它们的觅食地为冬天的旅程储备能量时，我在美国马萨诸塞州格洛斯特附近的观鲸站邂逅了一头座头鲸，这是我第一次看到鲸鱼。那是1992年6月下旬一个晴朗的夏日，离波士顿东部25英里（40.2千米）远的斯特勒威根海岸风平浪静。我和我当时的丈夫范·卡尔韦坐在游轮顶层的甲板上，吹着凉爽的海风，迫不及待地等着我生命中的第一头鲸鱼出现。在去往斯特勒威根深海的船上，博物学家们讲的有关鲸鱼的知识我全都记住了，剩下的时间有些难以打发。我试图放松心情，看海浪翻腾，享受一个来自俄亥俄州的农家女孩难得的海洋之旅。尽管如此，我还是忍不住在硬邦邦的板凳上扭来扭去，难以抑制内心的兴奋。我的梦想成真了。不过在亲眼见证之前，我还是觉得难以相信。这些庞然大物对我来说还只是个传说。

突然有人喊："喷了！"大家都跳起来，争先恐后地朝船边跑去。我仔细看了看海面，什么也没看到。博物学家解释过鲸鱼呼吸时为什么会喷出水雾。但是水雾在哪里？什么也没有呀。我环顾了一下身边的人，他们也在寻找。鲸鱼呢？

鲸鱼又喷了一次水，它在呼气，威力十足，喷出的水雾就像人们冬天呼气时看到的一样。它来了，从容不迫、悄无声息地游过来了。这是我生平看到的第一头鲸鱼！我兴奋得肚子有些痉挛，心也怦怦直跳。我紧紧地抓住甲板上冰凉的铁栏杆，努力记下每一个细节，以免这个令人难忘的时刻转瞬成为过眼云烟。我得偿所愿，实现了心愿清单中“观鲸”这个愿望。我想，这样的相遇一生大概也就一次吧。

当这头体长 50 英尺（15.2 米）的座头鲸悠然地游向观鲸船时，我心想，这家伙看起来大得有些不真实呀。它身体两侧是长长的白色胸鳍，在水中泛着绿色的光泽。当它游得更近时，我听到了它强劲的呼吸声：一开始有点儿像低沉的爆炸声，接着是响亮的噗噗声，像汽车轮胎充气时发出的声音。我内心深处的某个地方被触动了，我意识到这个庞然大物要向我传递一些信息。成千上万的小水滴形成的水雾像一阵柔和的细雨洒落在平静的海面上。水雾散去，宁静祥和的氛围弥漫在我身畔，我感到轻松愉悦。

座头鲸又吸了一口气，拱起背，缓慢而优雅地将尾鳍露出海面，直到垂直于海面。我看到了它尾鳍背面独特的图案。我站在那里，心怀无限敬畏，看着这个庞然大物消失在海水深处，任自己无限的遐想随它而去。

当天有好几头鲸鱼在附近出现，它们的一举一动深深地吸引了我。回格洛斯特港的途中，船上的每位游客都眉飞色舞。成年人像孩子一样兴高采烈；一位母亲俯在女儿耳边低语，女儿指着鲸鱼，手舞足蹈，面带微笑。阳光洒在我的脸上，暖暖的，我把初次见到座头鲸的情景又在脑子里回想了一遍。

此时，人们开怀大笑，谈论着第一次观鲸的感受。

“你有没有拍到满意的照片？”一位带着两个孩子的男士问他身边的一位女士。

“真可惜，我把相机忘在楼上了。但是我这辈子都不会忘记今天看到的一切。”她答道。

任何语言都难以形容这种氛围，我觉得鲸鱼似乎激发了人们的善意。我会心地笑了，没想到第一次观鲸让我感慨万千。

当天晚上，我躺下来准备睡觉时，依然能感觉到船在轻轻摇晃。迷迷糊糊中，我的思绪飘回了大海。在半梦半醒之间，一个巨大的黑影突然蹿出海面。一头鲸鱼一跃而起，天空霎时暗了下来。海水顺着鲸鱼的身体淌下来，这个庞然大物像在慢镜头里一样顺时针缓缓翻转，伸展开来的胸鳍宛若舞者的手臂。它硕大的身躯向后重重倒去，嘭的一声砸进海里，浪花四溅，白沫泛起。嘭的一声，我长期以来机械单调的生活也被击碎了，梦想如海水般向我涌来。

我猛地睁开双眼。“一头鲸鱼刚刚跃出了海面！”我这样想着，并立刻坐了起来，心怦怦直跳，一股能量蓦地从脚到头传遍全身。我仰面倒在枕头上，惊魂未定地喘着粗气，试图弄明白刚刚发生了什么。待心跳慢慢恢复，我开始一遍一遍地在脑海中回想梦里震撼的画面。

以前我也做过类似的梦：在半梦半醒之间，白天的经历会在梦中出现，栩栩如生。但是这一次大不一样。那头鲸鱼一跃而起的画面让我难以忘怀，它释放的能量朝我席卷而来，将我推向了新的高度。我觉得自己被这超凡脱俗的哺乳动物的出现改变了。直到此刻，我才意识到自己之前过着行尸走肉般的生活。假如我看到的是一头灰熊，就不会有这么强烈的感受。只有鲸鱼——在它的海洋王国里，用它全部的力量和威严——才能唤醒我对生活新的渴望，才能召唤我走进更广阔的天地。

为了满足自己的好奇心，我找到了特德·安德鲁斯（Ted Andrews）的《动物语言》（*Animal-Speak*）一书，查阅“鲸鱼”的含义。这本书解释了动物在我们生活中的象征意义。这时我才了解到，鲸鱼代表“创造力、歌声的力量、内心深处的觉醒”。那时候，我还不知道鲸鱼会如何影响我的一生，但是我想我该拜鲸鱼为师了。

我花了 9 个月的时间彻底改变了自己的生活。我们从俄亥俄州——我从小生活的地方——搬到了罗得岛州的纽波特市，一有机会我就去观鲸。我的生活因为有了鲸鱼而变得精彩。我在普利茅斯海洋哺乳动物研究中心找了一份实习工作，在观鲸船上收集鲸鱼的行为数据。我乘坐“约翰船长号”从马萨诸塞州的普利茅斯出海，在船上尽可能多地汲取资深博物学家讲授的知识。我在海洋哺乳动物研究中心做了很长时间的实习生，最终被正式聘用——那正是我梦寐以求的工作，成为一名博物学家。

从那以后，我就以一名博物学家的身份在鲸鱼的世界里遨游：参加各种研讨会、发布会，阅读关于鲸鱼的书籍，与鲸鱼研究者、摄影师交流，竭尽所能了解有关鲸鱼的一切。因为担心别人嘲笑我相信“另类的认知方式”，我开始像生物学家一样以严谨的态度看待鲸鱼。

1995 年 1 月，我在夏威夷度假时参加了毛伊岛举办的关于鲸鱼生存现状的会议。毛伊岛是鲸鱼的天堂，在海滩上就可以看到座头鲸。在会上，我遇到了玛莎·格林（Marsha Green）女士，她是美国宾夕法尼亚州雷丁市奥尔布赖特学院的心理学教授，我们有很多共同的信仰。她成立了海洋哺乳动物研究所（OMI），致力于研究船只通行和人为噪声对座头鲸产仔地的影响。1996 年，新的研究启动了，我以海洋哺乳动物研究所研究室主任的身份，如愿以偿地成为一名志愿者。

我常爬到毛伊岛西北海岸拉海纳南部的奥洛瓦卢山顶上，坐在一把破旧的草坪椅上，在炎炎烈日下尽享快乐的研究时光。

我身着白色T恤和短裤，头戴棒球帽，给暴露在阳光下的皮肤涂上防晒指数（SPF）为15的防晒霜。我将双筒望远镜举到眼前，胳膊肘支在膝盖上，在毛伊岛和拉奈岛之间的奥奥海峡那湛蓝的海水中搜寻座头鲸的身影。我身处山顶，又有双筒望远镜，海面上的动静尽收眼底。只要座头鲸将头露出海面呼气，我便能看得一清二楚。看着一群群母鲸带着幼鲸游过，看着形单影只或成双成对的成年鲸鱼游过，看着数头雄鲸为争夺一头雌鲸而疯狂追逐、厮杀，最终血迹斑斑，并把这些记录下来，这实在是一件让人特别着迷的事。

我培养了几组实习生，他们每4小时轮班一次，观察和记录座头鲸的行为。每个小组由两名观察员组成，其中一人负责用经纬仪（经纬仪是测量员常用的工具，我们将它用于鲸鱼研究）追踪座头鲸的身影和声音。另一人负责记录数据，包括每头座头鲸的行为及行为发生的时间。当确定好当天的研究人员并准备好相关的设备后，我们就选定一群座头鲸开始工作。

1月的一天下午，我正在给一个小组做培训。当时我们都把注意力集中在一片空旷的海面上，等着刚刚出现的一群座头鲸再次浮出海面。“现在，大家看到了什么？”我问。

“母鲸和幼鲸在垂直角90度3分8秒，水平角255度5分4秒。”经纬仪操作员报出了此次观测的数据。

“收到。”记录员答道。

“没有船只出现。”经纬仪操作员说。

“很好，尽量追踪这群座头鲸至少一小时。”我笑着说。看到他们在岸边如此近距离地观察母鲸和幼鲸，我也特别兴奋。

一旦培训结束，研究工作就正式开始，我将不得不从我们已经观察到的座头鲸中选出一群作为研究对象。在研究过程中，我们会记下船只出现前15~20分钟内座头鲸的所有行为和位置，然后用无线电通知团队中的一艘船在座头鲸附近方圆100码（91.4米）内行驶，去影响或干扰座头鲸，接着记下在船只出现后的15~30分钟内座头鲸的所有行为和位置，看看座头鲸前后的行为和位置会有什么变化。如果选择母鲸和幼鲸作为研究对象，就存在一个风险：在至关重要的哺乳期，我们的研究可能破坏它们的母子关系。但是，现在我们可以做到观察鲸鱼母子之间的亲密行为而不打扰它们。

“喷了！”看到我们追踪的座头鲸浮出海面时，我和另一名观察者同时叫了出来。

“幼鲸胸鳍拍水！”我们叫道。幼鲸在海面上玩耍，正用它的胸鳍拍打着海面，母鲸在水下休息。

“幼鲸跃出海面！”我们喊的时候，幼鲸还在继续玩耍。

“幼鲸跃出海面！”它再次跳起来的时候我们喊道。

“母鲸跃出海面！”我们异口同声地喊。母鲸那45吨重的身体跃出海面时，竟像鲑鱼跳出海面那样轻松。它嘭的一声落进海里，水花四溅，过了几秒钟声音才传到我们的耳朵里，听上去就像从遥远的地方传过来的爆竹声。母鲸和幼鲸再次跃出海面的壮观景象让我激动得心怦怦直跳。座头鲸跃出海面的场景犹如自然界的奇迹，让我百看不厌。实习生们欢呼雀跃、鼓掌叫好时，我会心地笑了。

我们继续记录这对座头鲸的行为，一会儿大喊“尾鳍露出海面”，一会儿大叫“弓腰”。这两个说法分别指座头鲸下潜时露出庞大的黑白相间的尾鳍和仅仅拱起灰色的脊背潜入海中。当座头鲸将尾鳍抬出海面，调转角度后将尾鳍用力拍在海面上时，我们称之为“甩尾”；当座头鲸用它长长的胸鳍拍打海面时，我们称之为“胸鳍拍水”，用抬出海面的尾鳍垂直拍打海面时，我们称之为“尾鳍拨水”；当座头鲸从大海中跃出时，我们称之为“压浪”，就像那头母鲸刚才那样。观察和记录座头鲸在海面上的这些行为是最有趣的事。

我们的研究最终表明，当船只发动机的噪声大于或等于120 分贝时（我们的充气考察船“浮窥号”发出的噪声强度就在这个范围），座头鲸会快速游走。此外，我们还观察到座头鲸会“躲藏”，它们会在没有噪声的船只，比如帆船周围潜行很长时间，就好像试图弄清楚“船在哪里”“船要去哪里”这些问题一样。

有一天，“浮窥号”正在进行当季的首次海上试航，我在船上给实习生做培训，以便为鲸鱼与船只互动的研究做准备。接下来的几周，我们将进行实际操作。因此，我们将享受研究鲸鱼给我们带来的一大福利——难得的浮潜探险。

“这儿真热，去海龟镇游一圈吧？”特德·普卢姆建议道。他是一名专业摄影师，有驾船执照，还是一名鲸鱼研究志愿者。

“好哇！”莱斯莉和我异口同声道。莱斯莉·斯蒂格是一名按摩治疗师兼助产士，也是一名志愿者。

“坐稳了！”伴着发动机的轰鸣声，特德一边切换高速挡一边朝我们大喊，他把船速提高到了大约每小时 20 英里（32.2 千米）——驾驶着这么一艘无篷小船在太平洋中部的海浪里颠簸，这速度也是够快了。我发现，稍微有一点点风浪，用铝板制成的船体接缝处就会弯曲变形。好在今天基本风平浪静，我们在海面上轻松前行。我终于体会到，无论海面多么平静，乘坐“浮窥号”都会让人骨头散架。

“这船跑得不慢呢！”莱斯莉兴奋地大叫。我们的船正破浪前行。

海岸线越来越近，我们快到海龟镇了。我扫视了一下海面，想看看有没有鲸鱼。前方耸立着海拔 10023 英尺（3055.0 米）的哈莱阿卡拉火山，山顶上白云朵朵，宛若跳草裙舞的舞者头上的美丽头饰。微风拂面，暖意融融，此情此景与一年前这个时候我的处境形成了鲜明的对比——那时我乘坐着一艘科考船，穿着一件红色救生服，在北大西洋上数着一头又一头的鲸鱼，被冷风吹透。想到这里，我不禁打了个寒战。

海龟镇近在咫尺，我们降低船速，龟速前进，向一个没有游船和浮潜者的区域驶去。“到啦！”特德大声宣布。他问：“你下不下水？”我回过神来，感受到热带地区的温暖。

“当然！”我一边说，一边脱下救生服，露出泳衣，套上脚蹼，从船的一侧滑进了水里。温暖的海水像毯子一样包裹着我，触摸着我的肌肤，让我感到无比舒爽。我调好面镜，伸出舌头舔了舔呼吸管管口，是咸咸的海水味儿。我把脸埋在水中，透过薄纱般的蓝色海水，欣赏着遍地都是珊瑚礁的仙境：这片海底“森林”里生长着树枝状的蓝色鹿角珊瑚，巨石般的脑珊瑚点缀其间，黄色的柳珊瑚随波摇曳。无数蓝色的、黄色的、橘色的小鱼在海底“森林”里箭一般穿梭，进进出出，忽隐忽现，海底“森林”就是它们的藏身之地。全身布满黄黑条纹的神仙鱼和小丑一样的呼姆呼姆奴库奴库阿普阿鱼微微嘟着它们圆圆的小嘴，从一边游过。

我漂浮在海面上，听到远处传来一阵声音。那声音一声接一声，好像有人在喊我的名字，“利……利……”

我把头露出海面，看见莱斯莉正朝我挥手。

“海龟！”她指着水里喊道。我游近一看，发现深蓝色海水中有一只绿色海龟。

“酷！”我像一个急于下潜的浮潜者，简短地回复道。那只海龟在离我20英尺（6.1米）远的地方轻轻拍打着绿色的前肢，它的背甲和面部布满了盾片和鳞，显得皱巴巴的。我还能看见它黑色的大眼睛，感觉到了它古老的血统。

它缓缓地浮到海面上，张开鼻孔吸了口气，又潜入水中，慢慢向海底游去。我也深吸了一口气，跟着它向前游了6英尺（1.8米）。

它游走了，我听见远处传来了喧闹声。一定是莱斯莉在叫我上船，我心想。

“你听到了吗？”我浮出海面吸了一口气后，莱斯莉问我。

“听到啦，我以为你又叫我了呢。”

“我下去看看。”说着，她把呼吸管的管口往嘴里一塞，潜入水中。

我跟着她，身子浮在海面上，尽量保持不动，侧耳倾听。先是一声低沉的呻吟，接着是一声高亢的鸣叫。莱斯莉瞪大了双眼。

“鲸鱼！”她喊道。我们匆匆浮出海面。

“我以前从没听过这种声音！”我觉得有点儿难以置信，我一直梦想能听见鲸鱼在大海里唱歌。我们又一次潜入水中。我的呼吸管灌进了咸咸的海水，发出了恼人的噗噗声，干扰我聆听鲸鱼的叫声。我耐心等待，却只听到数百万微型海洋生物发出的细微的咔嗒声，像是在开一场音乐会。接着，远处传来一阵呻吟声、鸣叫声、咆哮声。我浮出海面，深深地吸了口气。

我把呼吸管里的水往外排的时候，听到扑哧一声，就像海豚的呼吸声。排完水，深吸了几口气，我再次潜入水中。我学着鲸鱼的样子，入水的时候让身体呈弧形，双脚用力一蹬，举起我的脚蹼。我又模仿海豚，有节奏地扭动臀部，轻松地滑到水下 10 英尺（3.0 米）的地方。深海的水压压迫着我的耳朵，待平稳下来，我继续做“海豚式”踢水的动作。鲸鱼的歌声再次响起。我游得很慢，在随着海浪起伏的过程中，响亮的叫声、拖长的颤音在我耳畔此起彼伏。我聆听着鲸鱼发出的天籁之音，久久不愿离开，直到肺部越来越热，我才不得已浮出海面。

“我又听到了！”我浮出海面见到莱斯莉时对她说，“不过，它离得很远。”

“走，看看我们能不能离得更近些。”莱斯莉说着，向我们的船游去。“我们听到鲸鱼唱歌了！”她见到特德时喊道。不一会儿，我们回到船上，一边在平静的海面上疾驰，一边观察着海面，搜寻鲸鱼喷出的巨浪般的水雾。

1967 年，早期的鲸鱼研究者罗杰·佩恩（Roger Payne）记录下了鲸鱼的歌声，震惊了全世界。佩恩是一位生物声学家，他之前一直在研究蝙蝠和猫头鹰。1966 年，在百慕大记录炸药在水下爆炸的声音的工程师弗兰克·沃特林顿（Frank Watlington）录下了一种他不知道的声音，并把录音交给了佩恩，原来那是处于繁殖期的座头鲸在北大西洋里唱歌。佩恩经过反复辨听，认定它们的歌声在不断重复。

座头鲸的歌声里包含了作曲家们用到的所有音符、乐句和主题，它们的歌声是动物界最复杂的声音。根据沃特林顿交给他的那首歌曲的复杂性，佩恩辨别出了唱这首歌的座头鲸的智力水平。

佩恩深知自己肩负重任。他要把座头鲸唱的歌公之于众，向全世界展示这令人震惊的自然界作曲家。后来佩恩驾驶着一艘帆船，拖着一个水下麦克风，也就是水听器，“看着桅杆扫过广阔的星空”，在百慕大水域录下了一首歌。在接下来的几年里，他把这首歌送给了一些作曲家、演奏家、作词者……谁想要就送给谁。最终，他遇到了朱迪・科林斯（Judy Collins），这位著名的民谣女歌手认为座头鲸的歌声里蕴藏了“丰富的情绪”。1970 年，她在自己的专辑《鲸鱼和夜莺》（*Whales & Nightingales*）里将座头鲸的歌声录到了《别了，塔尔瓦蒂》（*Farewell to Tarwathie*）这首歌中。同一年，国会唱片公司用座头鲸的歌声制作了一张名为《座头鲸之歌》（*Songs of the Humpback Whale*）的专辑并发行。它是有史以来最畅销的收录自然界声音的专辑。其他音乐家，如皮特・西格（Peter Seeger）、保罗・温特（Paul Winter）也在他们的音乐中加入了座头鲸的歌声。

座头鲸歌声的影响并没有到此为止。1972 年，绿色和平组织的成员——一群主张反战、致力于环保事业的人士——听到了《座头鲸之歌》这张专辑。他们经常在集会、大型活动中播放座头鲸的歌声，并发起了“拯救鲸鱼运动”，可以说这本身就是环保运动。1977 年，美国天文学家卡尔·萨根（Carl Sagan）将座头鲸的歌声连同 55 种人类语言的朗读声、莫扎特和贝多芬的音乐、美国摇滚之父查克·贝里（Chuck Belly）的《约翰尼·B. 古德》（*Johnny B. Goode*）一起收录进了“金唱片”（Golden Record）中，作为“旅行者”宇宙飞船探索银河系时向其他可能存在的文明的问候。来自地球这颗蔚蓝色星球的座头鲸之歌，现在依然回荡在罗杰·佩恩曾经坐在帆船上遥望过的茫茫星河里。

回到船上没多久，我们就观察到一头座头鲸在呼气。在交配季，夏威夷是世界上座头鲸最集中的地方。

“喷了，两点钟方向！”我的声音盖过了船的发动机声。“收到！”特德喊道。座头鲸喷出的水雾正渐渐消散。他将船调向座头鲸的方向，它离我们有 1 英里（1.6 千米）远。“喷了！”几秒钟后，座头鲸又一次呼吸，我俩不约而同喊出了声。接着，座头鲸拱起身子——从它背部特有的驼峰状突起（有助于它在水中保持平衡）一直到尾鳍形成了一个巨大的拱形——俯冲入水中。

“它跑了。”特德一边说一边测定座头鲸入水时的位置。我们降低船速，驶到离它消失处 500 码（457.2 米）的地方。我们慢慢向海面上的圆形“足迹”驶去——那“足迹”是鲸尾入水时溅起的水花在海面上形成的印迹，几分钟后仍然清晰可见。远处，其他座头鲸喷出的水雾此起彼伏，它们那黑色汽车内胎般的身体在海面上忽隐忽现，三角形尾鳍时而高高地翘在空中，很快就不见了。现在是下午 3 点左右，正是座头鲸在这惬意的一天里最放松的时刻。

只有雄性座头鲸才会唱歌，而且它们只在繁殖地唱歌，这是它们交配仪式的一个重要部分。唱歌时，它们头朝下倒挂着，长长的白色胸鳍伸到海面以下 100 英尺（30.5 米）的地方。刚进入交配季时，雄性座头鲸会低声哼唱前一年的老歌，一般持续 15~30 分钟。在随后的一年里这首歌将发生一些小变化。只要一头雄性座头鲸的歌声发生变化，北太平洋里所有雄性座头鲸的歌声都会随之发生变化，直到这首歌与它们在交配季开始时唱的那首完全不同。

一种理论认为，雄性座头鲸的歌声能穿越整个太平洋海域近 7000 英里（11265.4 千米）的深海冷水通道，它们能听出菲律宾、日本、美国夏威夷和墨西哥等地周边海域不同育种群体中雄性座头鲸歌声的变化。然而，我认为这基本上说不通。这个理论是基于蓝鲸的交流方式提出的。蓝鲸发出的声音是动物界中最洪亮的，它们发出的洪亮的低频声音超出了我们的听力范围。即使是蓝鲸的声音在今天这样嘈杂的海洋环境中最远也只能传播 100 英里（160.9 千米），而座头鲸的声音没有那么洪亮，频率也没那么低。墨西哥、美国夏威夷和日本各地之间相隔远不止 100 英里，它们怎么可能听得出跨越整个太平洋的不同群体中雄性座头鲸所唱歌曲的细微变化呢？

对鲸鱼的歌声发生变化的理解，我自己的理论基于生物学家鲁珀特·谢尔德雷克（Rupert Sheldrake）的形态共鸣理论。谢尔德雷克在 1981 年出版的《生命新科学》（*A New Science of Life*）一书中首次提出了这一理论。他认为，所有生物都存在看不见的形态场，比如磁场或引力场，这种形态场的形成基于自然界中一种固有的跨越时空的记忆。这种记忆是在同一个物种内（不是储存在大脑中）所形成的形态共鸣场。形态共鸣存在于进化领域、智力领域、社交领域、行为领域等，它能解释一大群鸟中的个体为何能同时改变方向，也能解释狗为什么知道何时坐在门口等候主人下班回家。谢尔德雷克的一个学生所做的实验表明，人类也可以利用形态共鸣。他的实验测试了人们玩填字游戏的水平。研究人员发现，那些等到第二天再玩《伦敦旗帜晚报》（*London Evening Standard*）上的填字游戏的人比那些在字谜公布当天就完成填字游戏的人做得更快、更省力。谢尔德雷克认为，一旦有人完成了填字游戏，其他人就可以利用形态共鸣轻松得到答案。

我认为座头鲸也是这样，它们利用本物种的集体记忆或形态共鸣让墨西哥、美国夏威夷和日本附近的座头鲸的歌曲一起发生了改变。

我们关掉发动机，坐下来环顾四周，等着离我们最近的鲸鱼浮出海面。我俯身去拿相机，晃动了小船，听到海水撞击船体发出的空洞的回响。“这里真静啊！”我低声说，因为打破了寂静而感到不好意思。莱斯莉点头笑了笑。

我很少置身于万籁俱寂的环境中，平时周围总有一些东西会发出噪声——汽车经过时的呜呜声、远处建筑工地的隆隆声、电脑风扇的呼呼声、热水器或电冰箱的嗡嗡声、钟表的嘀嗒声。我尽可能悄无声息地深吸一口气，仔细聆听四周，除了寂静还是寂静。几分钟后，大约 0.5 英里（804.7 米）外的一头座头鲸发出排山倒海般的呼吸声——先是将空气从肺中排出时发出的强有力的声音，接着是巨大的吸气声。

我们一动不动地坐着，远远地看着那头座头鲸，在 15 分钟内几乎没说一个字。接着我们听到了动静，一开始声音比较小，后来声音越来越大。起初，我以为船上有人走动，像赤脚踩在橡胶浮箱上发出低沉的嘎吱声。大家面面相觑，又都摇了摇头。并没有人走动。

“是座头鲸的歌声。”特德小声说。

“歌声穿过了船体？”我问。

“是的！”他笑着点了点头。

我再次陷入沉默。我以前听说鲸鱼的歌声能在船舱里回荡，没想到自己竟然能亲耳听到。我坐在橡胶浮箱边上，伸长脖子，身体微微探向海面，连呼吸时都一动不动，一直保持着这个姿势，听着座头鲸的歌声此起彼伏。刚才浮潜时我听到过的呻吟声、鸣叫声、咆哮声、啾啾声，此时如和声一样从海底深处的某个地方冒出海面，十分清晰。

我想象着座头鲸唱歌时头朝下尾朝上一动不动的样子。它那奇妙的歌声包含着其他许多动物的声音：猫的喵喵声、牛的哞哞声、狮子的嗷呜声、猴子的吱吱声等。我有些相信神秘主义者了，他们认为鲸鱼体内保存着对这个星球的记录——它们把“阿卡西记录”保存在细胞中，这个记录储存了人类历史上的所有事件。有人说座头鲸把世界史唱了下来，就像原住民部落通过歌声把他们的历史一代一代传下去一样。听着座头鲸神秘莫测的歌声，我就像古代站在甲板上被海妖的歌声摄住魂魄的水手。它们像它们的祖先在人类时代开启之前那样唱着古老的歌，萦绕在耳边的美妙旋律让我如痴如醉。

突然，声音更大了，我觉得那头座头鲸应该游到了我们的正下方。我一把抓起浮潜面镜，双膝着地，越过船舷，然后深吸一口气，未等其他人开口说话，我就一头扎进了太平洋温暖的海水里。在水下，座头鲸的歌声更大了，我感到耳旁有轻微的嗡嗡声，因为它唱歌时发出的振动一下又一下弹在我浸没在海水里的头上。我望着清澈湛蓝的海水，希望看到那个庞然大物正悬在我们的船下。然而我什么也没看到，只有湛蓝的海水，一道道白光穿透海面，散开，渐渐消失在海底。这头座头鲸和它在水下的生活依旧是个谜。

两年后，我还在海洋哺乳动物研究所任研究室主任，听说美国海军打算在夏威夷岛附近进行低频主动声呐测试，同时研究声呐测试对座头鲸的影响。低频主动声呐由美国海军设计，用于搜索难以通过被动监听技术探测到的安静型敌方潜艇。低频主动声呐由 18 个水下扬声器组成，由一艘巨轮拖拽，它能向水中发出极其响亮的低频声音——最高可达 240 分贝。巨大的低频声音，比如水下地震或水下火山爆发发出的声音和蓝鲸的叫声，能在海洋中穿越数百千米。低频主动声呐发出的声波遇到物体后会反弹回来，被接收到，通过这种方式来探测潜艇。低频主动声呐所到之处，任何海洋动物都无法幸存。

座头鲸对声源处高达 215 分贝的低频声音（接收时的声音强度为 155 分贝）会做何反应？包括我在内的许多海洋哺乳动物科学家对此都有浓厚的兴趣。如果低频主动声呐测试导致鲸鱼的行为有所改变，我们就可以得出结论：噪声破坏了它们的自然习性。

海洋哺乳动物研究所对毛伊岛周围海域的研究结果和其他科学发现使我们异常关注美国海军对海洋保护区——濒危座头鲸的繁殖地——开展的低频主动声呐测试。我们已有的研究表明，当发动机的声音达到 120 分贝时，周围的鲸鱼会做出反应或者改变行为。过去 20 年的其他研究表明，当声音强度从 110

分贝升至120分贝时，鲸鱼在游速、方向、呼吸频率方面会发生变化。这些研究结果解释了为什么自从有了海上钻井平台，加拿大附近波弗特海中的弓头鲸的数量就减少了；为什么澳大利亚海岸附近的抹香鲸在噪声实验中3天没有互相交流和进食；为什么船舶交通和水下噪声导致灰鲸多年不在墨西哥下加利福尼亚半岛附近的潟湖里产仔；为什么当北大西洋公约组织在希腊海岸进行低频主动声呐测试时，一天之内有13头柯氏喙鲸搁浅并死亡。

当时，我相信有这些研究结果的支持，美国海军会停止在世界各地海域部署具有潜在致命威胁的低频主动声呐的计划。大家决定，由我率领一个全部由志愿者组成的研究小组代表海洋哺乳动物研究所亲自去见证低频主动声呐对座头鲸的影响，我们不受海军雇用的科学家和海军经费的支配。事实证明，当时我把美国军工复合体的地位和影响力想得太简单了，到现在我都觉得那时的自己天真得不可思议。

声呐测试开始于1998年2月26日，我们提前两周开始观察，收集座头鲸的基线行为数据，以了解它们的自然习性。

夏威夷岛的科哈拉海岸附近有个高100英尺（30.5米）的山包，是古代人类的居住地（贝丘）或垃圾堆。我们可以在那儿近距离观察体形巨大的鲸鱼，看着它们庞大的身影从我们眼前游过。它们的肺有一辆豪华轿车那么大，呼吸时会发出低沉而洪亮的声音，我不由得深吸一口气，缓解紧张情绪。我感觉好像发现了一个隐秘的乐园，这里没有船舶发动机那恼人的嗡嗡声，鲸鱼可以无忧无虑地游动，不像在毛伊岛海岸附近时那样总受到干扰。然而，一旦美国海军开始声呐测试，这里的一切都可能发生改变，这种令人痛心的结果一直萦绕在我的脑海中。

3 月 9 日早上，我们又站在科哈拉海岸的山包上数着过往的鲸鱼，记录它们的行为。这是美国海军进行低频主动声呐测试的第 12 天。我们每两天做一次记录。这一天，我们正在做准备的时候，发现一头座头鲸幼崽在离海岸大约 0.25 英里（402.3 米）的海面上拍打着它小小的胸鳍。看着它那顽皮的样子，我忍俊不禁。幼鲸的滑稽动作总是让我毫无抵抗力。我们准备好各种设备和相关用品——3 把草坪椅、1 个测量员专用的带三脚架的经纬仪、2 架带指南针的双筒望远镜、垫板、用以记录数据的纸张、防晒霜、帽子、太阳镜以及在闷热的天气中供我们 4 个人工作时饮用的瓶装水。这些东西都摆在我们用防水布撑起的一小片阴凉下。

30 分钟的准备时间过去了，我们仍然没有看到母座头鲸出现，这有些奇怪。可能母鲸正在水下休息（有时它的休息时间长达 45 分钟），而幼鲸正好在它庞大的身体上玩耍。也可能是我们忙于各种准备工作，没看到它浮出海面。于是，我示意队员把更多的精力放在观察母鲸上。幼鲸的行为让我有些担心，我一时也说不清到底哪里不对劲。母鲸到底在哪里？我越来越担心了。

当我们观察这头幼鲸时，一头成年鲸鱼浮出海面，但它与幼鲸之间的距离大约是幼鲸体长的 4 倍——这个距离对正常情况下母鲸和幼鲸的距离而言过于远了。根据体长，我们一致认为这头幼鲸大概有 2~3 个月大。这么小的鲸鱼通常大部分时间都在母鲸身边。母鲸会悬浮在海面下，让幼鲸在它鼻子上玩耍；或者一动不动地在海面以下 20 英尺（6.1 米）的地方漂着，把幼鲸裹在它 15 英尺（4.6 米）长的胸鳍和下巴之间。在幼鲸出生的第一年，母鲸和幼鲸相依为命，谁试图伤害幼鲸，母鲸都会跟它拼个你死我活。捕鲸者经常利用这一点来达到他们的目的，他们杀死幼鲸来引诱母鲸，因为他们知道，即使幼鲸已经死亡，母鲸也不会丢下它不管。因此，如果这头成年鲸鱼是这头幼鲸的妈妈，那么幼鲸在离母鲸那么远的地方独自玩耍就很反常了。

我们看着它们向北游去，越游越远——幼鲸一会儿跟在成年鲸鱼身后，一会儿游到成年鲸鱼右侧。但是在接下来的 40 分钟里，我们观察到它们的互动与一般母子的互动不同。尽管它们的游动方向大致相同，幼鲸却不断地浮出海面，并且与成年鲸鱼之间的距离一直是自身体长的好几倍。幼鲸应该一直紧紧跟在母鲸左右并进行频繁的身体接触才对，它们的行为明显有些不对劲。

突然，那头成年鲸鱼把身体的后半部分抬出了海面。它甩尾的动作表现出攻击性，似乎针对的就是那头幼鲸，像是在说：“走开！”我们看着那头成年鲸鱼游走了。它不可能是这头幼鲸的妈妈。

那一刻，我意识到那头幼鲸没有妈妈了，它孤苦伶仃。我有些不知所措。根据已有的各项研究数据，我知道低频主动声呐测试产生的噪声肯定会对鲸鱼造成一定影响，却万万没想到是如此严重的后果。为什么会这样？我感觉喉咙被什么东西堵住了。这头幼鲸会不会是因为被声呐测试干扰而迷路了？我强迫自己集中注意力。我该怎么办？我怎么做才能帮到它？

低频主动声呐对鲸鱼母幼关系的干扰一直以来都是引发人们担忧的主要原因。琳达·韦尔加特（Linda Weilgart）是加拿大新斯科舍省达尔豪西大学著名的生物学家，她研究抹香鲸的行为已超过 16 年。在为美国联邦法院一份旨在阻止低频主动声呐测试的案件提供的证词中，琳达谈到了这个问题：“年幼的动物很可能对高分贝噪声更敏感，它们还没有适应周围的环境，非自然界的声音完全有可能干扰它们至关重要的母幼关系。”海洋哺乳动物研究所的玛莎·格林之前的研究表明，单人水上摩托进入海域后，母鲸和幼鲸会从岸边的哺育区逃离。但在那时那刻，我满脑子都是低频声音会对母鲸和幼鲸产生怎样的影响。

3 月 9 日下午，我担心的事似乎正在变成事实。我们继续记录那头没有妈妈的幼鲸的活动，它模仿成年鲸鱼的样子，展开尾鳍，开始做一系列完整的跃出海面的动作。幼鲸一次又一次让它的整个身体跃出海面，在每次落水前，都露出闪闪发光的白色腹部。通常，跃出海面这个动作表明鲸鱼之间在进行视觉或听觉交流。鲸鱼落水时能在水下产生巨大的声响，这可能是幼鲸在竭尽所能地发出最有力的求救信号——它在用它全部的力气呼唤妈妈。在我们收集数据的前 4 个小时里，这头疲惫的幼鲸一共跃出海面 230 次——几乎每分钟 1 次。

我站在山包上，利用经纬仪追踪幼鲸的位置。我的情感和理智有些脱节。理智要求我必须专注于手头的任务。在这个节骨眼上，我应当尽可能全面地收集数据，以发起对声呐测试的诉讼，然而我的情感让我无法保持观察时应有的冷静。泪水溢满了我的眼眶，模糊了我的视线。我努力调试经纬仪，手却不听使唤，抖个不停。悲伤让我不能自已，我无法做一个无动于衷的科学家，愤怒如海水般朝我涌来。

此时，我却听到身旁的一位研究人员因幼鲸的行为而像鸽子一样“咕咕咕咕”地笑出了声。

“出来了！”来自美国阿拉斯加州的生物学家休对数据记录员大喊。“太好玩了吧？”她补充了一句。

我真想大喊一声。她怎么可能不明白这意味着什么？母鲸是幼鲸在浩瀚的太平洋中唯一的依靠，而今这头幼鲸和它的妈妈天各一方——是我们让它落到了今天这个地步。人类为了自己的利益将这头孤苦无助的幼鲸推到了生死边缘。我只能眼睁睁地看着它痛苦不堪，心如刀割，一句话也不想说。有那么一刻，我觉得自己分裂了。理智让我克制住自己，我止住了眼泪，努力把精力集中在幼鲸身上，通过经纬仪重新报出它的位置。

头两个小时过后，幼鲸似乎累了，开始做一些不那么消耗体能的动作，比如用尾鳍和胸鳍拍打海面，而不是跃出海面。从与第一头成年鲸鱼互动到现在，它附近就没出现过其他鲸鱼，它已经独自待了 3 个小时。这头幼鲸的举动最终引起了两头成年鲸鱼的注意。它们的关注让幼鲸安静了下来，幼鲸停止拍打胸鳍。但最终，那两头成年鲸鱼还是张开胸鳍游走了。它们都不是那头幼鲸的妈妈。

在 5 个小时里拍打了 671 次胸鳍后，这头幼鲸看起来已经筋疲力尽了。当我们收拾好装备准备打道回府时，我看到疲惫的幼鲸漂向岸边，在我们的观鲸站正下方锋利的火山岩石附近用胸鳍拍打着滔滔海浪。幼鲸用它最后一丝力气呼唤妈妈，而它的妈妈却一直没有出现。

看到这头幼鲸挣扎着想活下去的情景，我几近崩溃。为了工作而努力克制的悲伤情绪开始决堤，而伤口就隐藏在我的内心深处。对我而言，观察鲸鱼一直是一件神圣的事情。这种神奇的生物焕发的魅力与力量滋养着我的灵魂，就像漫步林中能让人感到自然的和谐与美妙一样。而现在，有人亵渎了这份神圣。

在开展低频主动声呐测试几年后，许多从事鲸鱼研究的科学家开始认识到低频主动声呐对鲸鱼和海豚造成的危害。美国自然资源保护协会（NRDC）将美国海军告上法庭并胜诉。最终，低频主动声呐远离了座头鲸在夏威夷的主要繁殖地。

低频主动声呐并非座头鲸生存所面临的唯一威胁，捕鲸活动也给它们带来了严重的危害。据估计，在捕鲸活动盛行之前，全世界的座头鲸数量多达 12.5 万头。大规模的捕鲸活动导致座头鲸数量急剧减少。直至 20 世纪 60 年代末，北太平洋海域座头鲸的数量才开始逐渐恢复，那时大约有 1400 头。1996 年冬天，当我首次在夏威夷研究这些庞然大物时，这个繁殖地大约有 3500 头，这些座头鲸能不能活下去还是个未知数。30 年的时间里，座头鲸的数量也只不过翻了一番，因此保护鲸鱼的繁殖地变得更加重要，而让这些地区远离致命的噪声尤为关键。

1819 年，生活在夏威夷岛附近的凯阿拉凯夸湾人用鱼叉捕获了第一头座头鲸，自此，人们开始在座头鲸的繁殖地对它们进行无情捕杀。到 19 世纪中叶时，鲸油已经成为夏威夷和新英格兰地区主要的贸易产品。20 世纪初，爆炸鱼叉和捕鲸船的发明使鲸鱼的数量进一步减少，这使得成立国际捕鲸委员会成为大势所趋，以“保护”鲸鱼以备来日之需。1966 年，一项禁止捕杀座头鲸的法令出台，但在世界各地，人们无视法令捕杀座头鲸的非法行为仍然持续了数年，直到罗杰·佩恩和座头鲸的歌声引发了“拯救鲸鱼运动”才有所好转。今天，鲸目动物被世界上大多数国家列为保护动物，在鲸目动物需要人类的保护这个议题上各国达成了共识。

2008 年，世界自然保护联盟（IUCN）将座头鲸的濒危等级从“易危”降至“无危”。到 2017 年，来自北太平洋的近 3 万头座头鲸中，约有 1.2 万头在夏威夷海域过冬。世界各地的海洋中大约生活着 8 万 ~10 万头座头鲸。

美国国家海洋和大气管理局（NOAA，一个对海洋哺乳动物保护进行监督的政府机构）根据成年座头鲸冬季去哪里交配和产仔，在世界范围内划定了 14 个座头鲸种群。墨西哥沿海的近危座头鲸种群和中美洲的濒危座头鲸种群，夏季都会去加利福尼亚州到阿拉斯加州一带的美国西海岸觅食。夏威夷的座头鲸和来到阿拉斯加州的近危、濒危种群混杂在一起，受美国法令的保护。这些座头鲸会从白令海峡到阿留申群岛再到阿拉斯加州东南部一带觅食，这增大了统计座头鲸数量的难度。西印度群岛的另一个种群，那些在新英格兰和加拿大东海岸觅食的座头鲸已经不在美国濒危物种名录中。

座头鲸数量的回升被认为是生态环境向好的结果。我们响应了 20 世纪 70 年代动物保护者的号召，挽救了座头鲸。但是，我们是否为这些正在恢复的种群保留了一席之地呢?

就座头鲸的生活环境而言，阿拉斯加州和夏威夷正好是相反的。座头鲸在清澈湛蓝的夏威夷海水中会禁食 4~5 个月；而

阿拉斯加州附近的海水冰冷碧绿，水中的浮游植物，也就是那些微小的自由漂浮的植物构成了食物链的基础，为地处高纬度的这片水域增添了生机。这些微小的海洋植物能进行光合作用，就像陆地上的绿色植物一样，通过光合作用给地球提供了赖以生存的氧气。浮游动物以这些浮游植物为食，而浮游动物通常又是小型鱼类的食物。

一些微小的浮游动物会直接被海洋中的大型哺乳动物吃掉。长 59 英尺（18.0 米）、重 80 吨的露脊鲸会张着血盆大口四处游动，用它们 8 英尺（2.4 米）长的鲸须过滤海水并捕食桡足类浮游动物。蓝鲸几乎完全以磷虾为食。这些浮游动物中有一些能幸存下来，却又会被鲱鱼、凤尾鱼、鲑鱼鱼苗等小鱼吃掉。这些小型鱼类同样会被比它们更大的鱼吃掉，从而形成了完整的食物链。

座头鲸处在食物链的第 2 级或第 3 级，小到磷虾，大到鲱鱼这样的饵鱼，都是它们的食物。这些生物在这个结构完美的生态系统中各尽其责。座头鲸每天需要吃大约 2000 磅（0.9 吨）的小型鱼类，相当于 8000 个重 0.25 磅（113.4 克）的汉堡。

食物链最底端的生物数量是最多的。越往食物链的顶端走，生物的数量就越少。这就是森林里有很多蚊子的原因——很多生物都以蚊子为食，这也解释了为什么鹿的数量比狼多。座头鲸需要大量的食物，只有在生物数量以百万到数十亿吨计量的地方才能活下来。持续数月的雨水会将营养物质从森林冲到阿拉斯加州周围的海洋中，漫长的夏季日照会让浮游植物大量繁殖，进而为不计其数的浮游动物提供食物。

太平洋鲱鱼在食物链中的等级比座头鲸低一级，它们是阿拉斯加州的座头鲸最爱的食物。成年鲱鱼会先在开放海域捕食浮游动物，并在吃饭后游到内陆海去产卵。它们成群结队，整个队伍绵延数千米，像一个巨大的闪着银色光芒的物体。1893年的一份报告称，一艘小拖船经过乔治亚海峡（位于温哥华岛和加拿大不列颠哥伦比亚省大陆之间的一条水道）时，花了3个小时才穿过一队迁徙的鲱鱼，鲱鱼数量之多，让人咋舌。

2月份正是雌性鲱鱼产卵的时候。这时，它们体内有丰富的鱼油，最有营养。鲱鱼经过的水域会因雄性鲱鱼射出精子而变白，这种现象会持续数日。每条雌性鲱鱼大约会产2万枚卵，它们需要寻找一个产卵的好地方，细长的海藻叶、鳗草或者阿拉斯加州本地人为捕鱼而吊在水中的雪松枝或铁杉枝都是不错的选择。洄游的鲱鱼能够让海鸟、海豹、鱼、鹰以及沿海觅食的熊和狼等都饱餐一顿，也能让商业渔民大捞一场。1万枚鲱鱼的受精卵中只有1枚能发育成成年鲱鱼，如果足够幸运，它的自然寿命可达19年。

座头鲸的“猛扑式进食”是自然界的一大奇观。很久没有进食的座头鲸在寒冷的阿拉斯加水域搜寻成群的鲱鱼。一串气泡

从水下咕嘟咕嘟冒上来，在海面形成旋涡，搅动着碧绿的海水，这表明座头鲸发现了猎物。10 头重约 45 吨、体长 45 英尺（13.7 米）的座头鲸张开大嘴扑向海面，鲸须像舞者的裙边一样摆动着。细长的鲱鱼四散奔逃，拼命从座头鲸浴缸般大小的嘴巴中寻找生路。座头鲸慢慢合上大嘴，连水带鱼收入口中。You Tube 视频网站上座头鲸捕食的视频一个接一个地播放着，视频里还经常传出观鲸人群大呼小叫的声音。

1996 年，在加拿大不列颠哥伦比亚省西蒙弗雷泽大学做行为生态学博士论文的弗雷德·夏普（Fred Sharpe）开始研究生活在美国巴拉诺夫岛东侧查塔姆海峡的座头鲸种群。这里的座头鲸更喜欢猎食成群的鲱鱼，不像弗雷德里克海峡附近的座头鲸那样喜欢吃成群的磷虾。对座头鲸来说，想要吃到鲱鱼，需要出其不意、足智多谋并且互相协作。查塔姆海峡座头鲸的这一行为特性让夏普有些难以捉摸。他决定把这个困扰他的问题拆成几个部分，以便更好地理解座头鲸的捕食行为。

首先，夏普认为鲱鱼在被声音和气泡干扰时更喜欢抱成一团。为了验证他的理论，他把一群鲱鱼放进实验室里的大水箱里，给它们听座头鲸捕食时发出的叫声以测试它们的反应。他也在大海中做了同样的测试。两种测试的结果都是鲱鱼向与声源相反的方向仓皇而逃。这说明鲱鱼具有听辨声音的能力，因为听不见声音的猎物（比如磷虾）面对这类测试不会做出任何反应。

夏普还测试了由螺旋状气泡构成的“气泡网”对鲱鱼的影

响，测试对象还是那群接受声音测试的鲱鱼，使用的还是同一个水箱。这些对鲱鱼毫无束缚力的气泡能圈住它们吗？他制作了一个仿真的圆形气泡网，用以观察那些鲱鱼的反应，发现在大多数情况下它们确实聚得更紧密了。但是，如果有些鱼在气泡网外，而有些在气泡网内，那么网内的鱼更愿意游出网外。

座头鲸将如何应对这种情况？夏普曾注意到在“气泡网”外面游动的座头鲸拍打着它们的胸鳍。这些鲸鱼各有分工吗？夏普再次对那些鲱鱼进行了测试。他把一个小型座头鲸的胸鳍模型一面涂成白色，另一面涂成黑色，观察鲱鱼对这个模型的反应。他用操作提线木偶的方式操作那个胸鳍模型，把白色的一面朝向企图逃跑的鲱鱼。这一招很管用，鲱鱼留在了“气泡网”中。他终于明白，座头鲸在捕食鲱鱼时的确各有分工。

夏普还测试了“气泡网”的性能对座头鲸捕食的影响。座头鲸最初为什么会通过吐气泡来防止鲱鱼逃跑呢？“猛扑式进食”需要消耗大量体能，座头鲸每吃掉一口鱼或磷虾需要把2万吨水从鲸须中挤出去，这个阻力本身就很大。对座头鲸来说，每吃一口食物所获得的热量应大于捕食所消耗的热量，利用“气泡网”将鲱鱼紧密地聚集在一起能有效提高捕食效率。

接着，夏普研究了座头鲸如何制造“气泡网”。当座头鲸从头顶的喷气孔吐出一串气泡时，一部分气泡会合并成所谓的“球冠状大气泡”（SCL），这些气泡会比其他气泡更快地上升到海面，就像人造渔网上绑着的鱼漂一样。其余的气泡会形成一堵气幕墙，悬在球冠状大气泡下。对鲱鱼来说，这似乎是一道不可逾越的障碍。

为了测量座头鲸在海洋中多深的地方吐气泡，夏普驾驶一艘科研船进入了“气泡网”——在座头鲸连水带鱼一并吞入口中后，“气泡网”仍会浮在海面上。他发现，气泡的上升速度必须和被气泡圈在里面的鲱鱼的游动速度相当，否则鲱鱼就会从“气泡网”中逃脱。有些座头鲸似乎有把握这个时机的特殊诀窍，从而成了座头鲸群体中的“气泡专家”。它们在海面下大约 50 英尺（15.2 米）处盘旋，等待吐气泡的时机。如果它们在水下比较深的地方吐气泡，形成的“气泡网”就会有漏洞，有的鲱鱼就会从中逃脱。吐气泡的座头鲸似乎也会综合考虑一起猎食的鲸鱼数量，然后制造出对这个群体来说大小刚好合适的“气泡网”。

最后，夏普测试了另一个变量——座头鲸自身的行为特性对捕食的影响。他假设这个群体中的座头鲸是有亲缘关系的，因为我们知道，物种的行为一般是由母亲传给后代的。他从每头座头鲸身上取下一块皮肤，用活检枪进行检测，并结合座头鲸尾鳍背面的独特图案，最终确认这些捕食群体中的座头鲸没有血缘关系。此外他还发现，一些座头鲸会通过多次协作形成一个核心的“朋友圈”或群体，这样的分工合作更有效。夏普观察了 30 多个座头鲸群体，它们各显神通，自制“气泡网”围住成群的鲱鱼。

现在夏普可以非常肯定地说，他弄清楚了座头鲸是如何利用“气泡网”捕食鲱鱼的。当座头鲸发现一大群鲱鱼时，其中的一头座头鲸会从喷气孔中吐出许多气泡，这些气泡形成的“气泡网”会围住鲱鱼群并盘旋上升。其他座头鲸则潜入鲱鱼群下方，发出刺耳的高分贝声音，使鲱鱼受到惊吓，从而把它们赶向海面。与此同时，一些座头鲸会将它们白色的胸鳍朝向鲱鱼，把鲱鱼吓得聚成一团。随着气泡到达海面并破裂，座头鲸已经占据了有利位置，它们会张开大嘴将这些鲱鱼吞入口中。这是关于动物使用工具及动物文化的一个精彩范例。

这些座头鲸明白了：捕食鲱鱼时，合作才是王道。它们的认识甚至还不止这些。事实证明，它们不仅和亲密的配偶协作，还和其他初来乍到的座头鲸协作，哪怕以后各奔东西也无所谓。这就好像座头鲸正在举办一场名为“如何制造气泡网 101”的分享会，或者名为“尝鲜吧！试试鲱鱼”的美食研讨会。

这可能并没有那么令人难以置信。直到最近，气泡网式捕食法依然被认为是座头鲸独有的行为。但是在游览美国俄勒冈海岸的旅途中，我惊奇地发现，一头灰鲸竟然也用气泡网式捕食法在近岸水域的海藻里捕食糠虾。后来在一个鲸鱼研讨会上，我借机请教了一位海洋生物学家，问他如何理解灰鲸的这种新本领。那位生物学家说：“我认为它们是从座头鲸那里学的。”

座头鲸也因其利他行为而闻名。2016 年 7 月，备受研究海洋哺乳动物的科学家推崇的《海洋哺乳动物科学》（*Marine*

Mammal Science）杂志刊登了美国国家海洋和大气管理局的海洋生态学家罗伯特·皮特曼（Robert Pitman）与他人共同撰写的一篇题为《以哺乳动物为食的虎鲸攻击其他物种时，座头鲸出手相助的行为是群居行为还是利他行为？》的论文。这篇论文指出，62 年里座头鲸保护其他物种免受虎鲸侵害的记录达 115 次。其中一次是 2009 年皮特曼在南极洲亲眼所见的。他看到一群虎鲸联手制造了一个滔天巨浪，让一座小冰山倾斜了 45 度，坐在冰山上的一只海豹被掀进了海里。当虎鲸逼近海豹时，附近的一头座头鲸介入了。体形庞大的座头鲸扑到海豹背上，用它长长的胸鳍为海豹撑起了一座避风港。当一群虎鲸快要将它们团团围住时，海豹开始向下滑落。座头鲸将海豹拽回怀中，拱起背部，使海豹免遭虎鲸的毒手，虎鲸最终只能悻悻地离开，一场血腥的猎杀活动就这样被扼杀在摇篮中。皮特曼对《史密森尼》（*Smithsonian*）杂志的一名记者说："这件事立刻让我确信，座头鲸会帮助其他物种，它的行为无法用当时我们知道的座头鲸和虎鲸的知识来解释。"

座头鲸干预虎鲸捕食的视频在 You Tube 视频网站上随处可见：有座头鲸在加利福尼亚海域帮助灰鲸妈妈和幼鲸的；有座头鲸在华盛顿州安吉利斯港救助一对加利福尼亚海狮的——在此过程中，只听见激动的旁观者在大声喊："上啊，座头鲸！"最近，一头 15 英尺（4.6 米）长的虎鲨在库克群岛中的拉罗汤加岛附近觅食时，一头座头鲸将研究鲸鱼的生物学家南·豪泽

（Nan Hauser）推到了安全地带。这种行为一直在发生吗？还是我们寻寻觅觅这么久终于在除人类之外的另一个物种身上看到了侠肝义胆？

座头鲸的利他行为越来越多，让人觉得越来越有意思，尤其是近年来，它们自身生存所需的食物正在逐年减少，却为了帮助其他物种而放弃了很多觅食机会。近几十年来，座头鲸赖以生存的鲱鱼的数量开始波动，洄游的鲱鱼的数量起伏不定。1982 年，美国阿拉斯加州朱诺市附近的鲱鱼数量锐减。1991 年，在“埃克森·瓦尔迪兹号”油轮漏油事故发生两年后，威廉王子湾的鲱鱼数量锐减。自 1973 年以来，美国华盛顿州的鲱鱼数量不断下降。原因层出不穷，办法却寥寥无几。

20 世纪初，随着鲱鱼越来越值钱，商业捕鱼者也变得越来越贪婪，监管对他们越来越形同虚设。鲱鱼的产卵地因被开发、疏浚和油轮漏油等遭到破坏，全球气候变暖和海洋变暖更让鲱鱼的数量越来越少，美国《濒危物种保护法》（*Endangered Species Act*）和《海洋哺乳动物保护法》（*Marine Mammal Protection Act*）等环境法这才开始生效。于是，以鲱鱼为食的动物种群，比如斯特勒海狮和座头鲸的数量开始增加。但是这些动物赖以生存的鱼类的数量并没有增多，对此，我们也没有采取什么有效措施。如今，美国阿拉斯加东南部和加拿大不列颠哥伦比亚省附近的海域有近6000头座头鲸，是否有足够多的鱼类作为食物供它们生存下去，对它们来说还是未知数。

人们发现，它们确实有足够的食物——或者说，一部分座头鲸确实有足够的食物。

在阿拉斯加东南部，冰冷的海水蜿蜒流过查塔姆海峡的各个岛屿。几年前，一头孤零零的座头鲸在这些地方来回穿梭，饥肠辘辘。它知道，要想抓到鲱鱼——如果它今年能找到鲱鱼——或吃到大量磷虾，还为时过早。但是它能做什么呢？饥饿驱使它不停地向前游。它游过以前捕食过的所有地方，从巴拉诺夫岛北端的锡特卡湾游到查塔姆海峡，再到弗雷德里克海峡，什么鱼都没发现。妈妈曾教过它，如何在这些岛屿的各个角落里找到大量鲱鱼。然而今非昔比了。它的同类很多，食物却不足，是时候去寻找新的食物源了。

它继续往前游，搜寻着食物。当它沿着巴拉诺夫岛海岸向南游向一个叫卡斯尼库湾的小海湾时，有东西引起了它的注意。是磷虾游动时发出的细微振动吗？听起来又像有数百万条鲱鱼在游动。它必须弄清楚这个海湾的状况。它转过身，将长长的胸鳍转向它要去的方向。觅食的念头驱使着它向前游，它摆动巨大的尾鳍，加快了速度。

现在它听得更清楚了：那动静很像鲱鱼，但又不完全是。鲱鱼在哪儿？它原以为在海湾里随便一个地方都能看到鲱鱼成群结队的身影。它现在听得清清楚楚，声音震耳欲聋，但鱼群似乎没有游走。它向海湾深处游去。鱼群的确没有游走，它看得一清二楚。成千上万条小鱼就在它眼前游动，似乎有什么东西把它们困住了。它游近了些，几乎快到海面了，它有些摸不着头脑。它明明看见它们就在那里，在它眼前，但是不管它离那些鱼有多近，它们既没有朝它游过来，也没有在它周围游动。有什么东西挡住了它的嘴巴和鼻子。这是什么？它从来没有碰到过这样的东西。鱼群近在咫尺，却吃不到嘴里。这些鱼到底是什么鱼？它们不是鲱鱼。

附近鲑鱼孵化场的工作人员在渔网旁边观察着小海湾里的这头大鲸鱼。他们有些纳闷：座头鲸用那样的表情看着鲑鱼想要做什么？

“你们觉得，座头鲸吃鲑鱼吗？”一个人问。

“不吃吧……我觉得它们不吃。”另一个人回答。到目前为止，还没有座头鲸吃鲑鱼苗的记载。今天是放养鱼苗的日子，工作人员麻利地给这些鱼苗喂了最后一餐，准备把它们放归大海。座头鲸不见了。他们在想，也许它放弃了吧。

那头座头鲸其实有点儿懵。有东西挡着它，它不知道怎么才能吃到那些鱼。它向前拱了拱，一无所获。它心情沮丧又饥肠辘辘，但没有就此罢手。它在想办法，或许它待会儿会再来试一次。

它真的又来了。但是这一次，鱼群从它身边成群结队地逃走了。它向鱼群亮出胸鳍白色的一面，鱼儿们吓得不知所措，团得更紧了。座头鲸猛地潜到鱼群下方，一边慢慢地转着圈，一边从喷气孔吐出一串串密集的气泡，将鲑鱼全都闷在它制造的“气泡网”里，这张“气泡网”跟之前囚禁它们的笼子没有什么两样。接着，它张开大嘴，冲着上面密匝匝的鱼群，连鱼带水吞入口中。

它在海面上停歇片刻，将海水从鲸须中挤掉，只留下鱼，然后吞了下去。之后它又一次潜入水中，将刚才的一系列动作重复数次，直到吃饱为止。

接下来的两天，它又来了，每次都能填饱肚子。它在积累经验，就像一头熊辨识鲑鱼在什么季节回来、在哪些河流出现，或者学习怎样进入垃圾桶刨食一样。它记住了，以后每年的这个食物不足的季节，它都可以到这个海湾来，找到相同的鱼群，就可以吃饱。

当然，前面的场景是我想象的。但这跟 2008 年发生在卡斯尼库湾隐秘瀑布孵化场的事差别不大。在接下来的几年里，3 头互不相关的座头鲸，绰号分别为“霍波”“PJ”和“鹈鹕”，使孵化场每年为提高该地渔民的捕获量而饲养的 8000 万条鲑鱼苗数量锐减。现在，孵化场工作人员的任务是与这些饥饿的座头鲸斗智斗勇。座头鲸不吃完全成熟的鲑鱼，只吃大小合适的鲑鱼苗。因此，他们试着放养体形较大的鲑鱼，也试着把渔网拖到查塔姆海峡，或者把鲑鱼装上船，然后带到其他地方放养。各种方法都试了，一点儿用都没有。那些被带到其他地方放养的鲑鱼还是会游回岸边的浅滩，在那里躲藏起来，但还是被座头鲸发现了。事实证明，座头鲸聪明伶俐，富有创造性，足智多谋且百折不挠。比起当初为了生存下去而寻找食物时第一次出现在这个地方的座头鲸，现在的座头鲸更加聪明，要想胜过它们，难上加难。

2014年，美国阿拉斯加大学费尔班克斯校区渔业与海洋科学学院的学生麦迪逊·科丝马（Madison Kosma）与阿拉斯加鲸鱼基金会签约，成了一名科研工作者。她对鲸鱼捕食孵化场的鲑鱼苗这一行为感到十分好奇。2016年，她成立了自己的项目组来研究这个独特的课题，以作为硕士论文的主题。她从以小麦食品为食的鱼苗身上采集了含有稳定同位素的皮肤样本，又从记录孵化场附近座头鲸“猛扑式进食”的视频里获得了它们的行为数据，还收集了觅食的座头鲸的身份照。她把这些研究结合起来，希望从中找到答案。例如，有多少座头鲸在孵化场捕食？这些座头鲸需要多少鱼苗才能维持生存？座头鲸在进食时是偏爱一定大小的鱼还是一定密度的鱼群？座头鲸捕食鱼苗的行为是否与鱼苗在多深的地方被放养有关？是否与在一天中的什么时候或者一年中的什么时候放养有关？解决这些问题后，人们可能能找到一种方法，将座头鲸对孵化场里鱼苗的影响降到最小。

后来，隐秘瀑布孵化场将其部分库存转移到了阿拉斯加州彼得斯堡附近的托马斯湾，在那里放养鱼苗。北美东南地区水产养殖协会的前总经理史蒂夫·赖芬斯塔尔（Steve Reifenstuhl）先生在接受阿拉斯加一个电台采访时解释道：“那些食肉的座头鲸说不定什么时候就会发现托马斯湾的鱼苗放养地，但我认为这需要几年时间。就像在 20 世纪 90 年代中期，隐秘瀑布孵化场放养的鱼苗存活率高得惊人；但到了 21 世纪初，存活率就开始起起伏伏；现在，存活率简直低得令人沮丧。”

2017 年 6 月，我前往巴拉诺夫岛，希望能亲眼看到座头鲸以最新的策略捕食。作为自然文学作家和科学记者，我无须收集数据。我可以一边观察座头鲸，一边体会自己的感觉、权衡自己的想法，并将这些与我已经学到的东西结合起来。我满心期待通过这种截然不同的视角观察座头鲸。但是当我到达巴拉诺夫岛时，一场来自阿拉斯加湾的风暴已经在温泉湾的阿拉斯加鲸鱼基金会野外站附近登陆。温泉湾这个名字，要么是以源源不断流入海湾的温泉命名的，要么和当地澡堂里的三个爪形浴缸中的一个有关。我和阿拉斯加鲸鱼基金会主任安迪·休伯（Andy Szabo）、实习生克里斯蒂娜·瓦尔德（Christine Walder）和贾丝明·吉尔（Jasmine Gil）、代理船长利奥妮·马尔克（Leonie Mahlke）等人相谈甚欢，从他们身上尽可能多地获取我想要的信息。屋外大雨滂沱，狂风扫过高大的雪松。他们给我讲了不少关于那 3 头座头鲸的故事：“霍波”“PJ”和“鹈鹕”

张开大嘴，在螺旋式上升的气泡中扑来扑去，吓得鲑鱼苗跳出海面拼命扑腾。“鹈鹕”的捕食方式很奇特：张开嘴掠过海面，胸鳍向两侧展开——就像真正的鹈鹕那样。“霍波”总是独来独往，从来不带幼鲸，每年春天回到卡斯尼库湾的第一件事就是觅食。

天气转晴，他们要乘船前往隐秘瀑布孵化场，我抓住这难得的机会，上了他们的船，想亲自去看看那个鲑鱼孵化场。

天灰蒙蒙的，几缕阳光从厚重的天幕上洒下来，海面上风平浪静。尽管如此，当我坐在船上，阿拉斯加的冷风还是刺痛了我的脸颊，眼泪几乎要流下来。我眨了眨眼，忍住了眼泪，幸亏我借了一件红色救生服。

突然，前方冰冷的海水中喷涌出一片水雾，比我平时坐在小船上看到的似乎要大很多。大家确信那是一头座头鲸喷出的浓密水雾。

利奥妮船长放慢船速，大家等着座头鲸再次浮出海面。克里斯蒂娜抓起相机，如果座头鲸愿意露出尾鳍供人欣赏，她绝不会放过机会。只听噗的一声，座头鲸在海面上呼了口气，紧接着再次吸气，它那巨大的肺发出汽车轮胎充气时的声音。

座头鲸每次浮出海面时，我都能听到它清晰的呼气声，接着是深长的吸气声。当它抬起尾鳍准备进行更长时间的潜水时，我也深深地吸了一口海面上冰冷清冽的空气。克里斯蒂娜通过相机镜头仔细看了看这头座头鲸尾鳍的图案，然后向我们保证，它不是在隐秘瀑布孵化场捕食的那 3 头座头鲸之一。我们的船继续向前行驶。

快要到达鲑鱼孵化场时，我被卡斯尼库湾的狭小惊呆了。孵化场的围栏占据了海湾北半边 ¼ 的地方，几天前这里还养着 8000 万只鲑鱼苗。围栏所在的水域也并不深。45 英尺（13.7 米）长的座头鲸如何在这又小又浅的水域中活动？也许这些鲸鱼比我想的要灵活吧。

他们带我看了看孵化场空荡荡的大水箱，这里曾经养着鲑鱼苗。附近有一条河，如果成年鲑鱼能成功避开饥饿的棕熊，就会游到那里产卵。孵化场工作人员的住所位于巴拉诺夫岛东侧的荒郊野外。现在，这里悄无声息，这种状态会一直持续到下一代鲑鱼被放养的时候。

我们上了船，准备返回温泉湾，希望在回去的路上还能遇到一头座头鲸。我们沿查塔姆海峡向南航行，该地区因夏季有座头鲸制造“气泡网”而闻名。对我来说，这趟旅程就像是在朝拜一处圣地，一处很早就听说过的传奇之地。与大自然如此亲近，它的野性和原始带给我一种不可多得的生命体验，一丝兴奋悄然涌上我的心头。我睁大双眼搜寻着鲸鱼，前方陡峭的石壁从碧波中蓦地升起，一直绵延到高耸入云、白雪覆盖的群山之中。

一片水雾在温泉湾的入口处腾起，利奥妮也看到了，她将船转向鲸鱼的方向。在对这头鲸鱼的行为模式进行仔细观察后，大家都认为那是他们熟悉的“PJ”。

这头雌性座头鲸正从温泉湾的北边游向南边，它从我们眼前直直穿过，仿佛要去执行一项重要任务。它靠近南岸，放慢速度，像是在计划下一步行动。我从未在离岸边这么近的地方遇见过座头鲸，灰鲸倒是很常见。它潜入海中，先吐了几个气泡，接着浮出海面，张着大嘴向前冲去，然后气势汹汹地将鱼群一网打尽。它吞下战利品，一边在海面上悠闲地游动，一边将海水从鲸须中挤出。它像虎鲸搜寻海豹一样在浅滩巡游。它一定是在寻找鲑鱼群。它不时地亮出胸鳍，像是要把四散的鲑鱼赶到一起。它似乎想把鱼群赶到温泉湾陡峭的石壁处，只见它将胸鳍顺着石壁扫过去，然后猛地一转身。对身躯如此庞大的动物来说，它转身的速度比我想象的要快得多。又一张“气泡网”升到海面，它冲了过去。灰突突的鲸须从它的口腔两侧垂下来。它张开大如浴缸的大嘴，露出粉色的上颌和布满褶皱的咽喉。棕色的藤壶挂在它喉部凹槽的褶皱间，从我坐着的地方看过去，清晰可见。这景象竟让我有些神思恍惚。这头座头鲸正在捕食，它不会放过任何一条小鱼。但愿附近的鱼群像鲱鱼群或磷虾群那么大。

我突然意识到，这头座头鲸的行为我之前从未见过。座头鲸大部分时间都生活在水下，我们看不见也摸不着。在汪洋大海中，座头鲸看起来像个进食机器，不停地吞进大量的海洋生物——看上去不可思议，实际上机械重复。但是此刻，在遥远的阿拉斯加湾，看着这头座头鲸，我第一次意识到这种巨型哺乳动物有很强的适应力——它像人类一样思考问题、解决问题，克服一个又一个障碍。首先，为了捕食鲑鱼苗，它必须拥有灵活的头脑和身体，这就够让人吃惊了。其次，它能记住以前行之有效的办法，并能适应新环境。曾经对我来说遥不可及的座头鲸，现在看起来如此真实而鲜活。

难得有些时候，我能看到整头鲸鱼跃出海面，更加直观地感受鲸鱼的庞大。有些时候，我感觉我和它们之间有一种联系，比如鲸鱼会对我表现出兴趣，会跃出海面进行窥探，用一种好奇的方式从海面上观察我或者接近我。这些时刻支撑着我在海上度过了极其煎熬且漫长的时光，尽管不能潜水的日子很无聊，但我知道等待是值得的。现在，我发现那样的时刻又回来了。

看着这头座头鲸用它获得的经验和技巧寻找食物，看着它在强烈的求生欲的驱使下表现出非凡的创造力，我激动不已。我能感受到这种感知力敏锐的海洋哺乳动物、这头体形庞大的座头鲸，它的声音和我们的声音，一起飘荡在星辰大海之间。

寻找：地球上最大的海洋动物

蓝鲸

（拉丁学名：*Balaenoptera musculus*）

想象一下蓝鲸——有史以来地球上最大的海洋动物——的生活。在人类看来，鲸鱼生活的海洋世界可能危机四伏又让人晕头转向。然而，蓝鲸却能在浩瀚而冰冷的海洋深处生活得怡然自得。纵然是 180 吨重的身躯，也难挡它自由沉浮，它能轻松自如地在不同的空间遨游，上上下下、左左右右、前前后后，而绝不会迷失方向。它的身体构造使它能承受和抵消这 3 种空间中的压力，即使在水下 600 英尺（182.9 米）的深处，它那 100 英尺（30.5 米）长的身体也不会受到任何影响。

蓝鲸是一个古老的物种，历经 5000 万年的进化才变成今天的样子。纤细的胸鳍从它修长光滑的身体两侧伸出。它那强健有力、肌肉发达的尾鳍，展开时可达 25 英尺（7.6 米）宽，它能以每小时 30 英里（48.3 千米）的速度游动。像所有须鲸亚目的动物一样，它的头顶有两个喷气孔，只需浮出海面就能自由呼吸，而无须将脸抬起来。海洋就是它的天下，在水下游动时，它那斑驳的青灰色皮肤会呈现浅蓝色。

它身躯庞大，必须不停地进食。它的肺部可以容纳 1300 加仑（4.9 立方米）的空气，一次深呼吸足以给它提供 20 ~ 30 分钟的猎食时间。它只要将那宽大的尾鳍用力一摆，就能滑进海洋深处。下潜时，海水的压力会挤压它的身体，迫使空气进入它的上肺部、血液和肌肉。因为氧气与血红素发生反应，它的肌肉会呈现暗红色。在海底深处觅食时，它小轿车般大小的心脏每分钟只需跳动 4 次（相比之下，人类的心脏每分钟跳动 60 ~ 100 次），就能让 10 吨重的血液流入下水管道粗的静脉血管里。

它会浮出海面呼吸。它的每一次呼吸，都如同打一个巨大的喷嚏，肺里温暖的空气喷涌而出，与海面上的冷空气相遇，形成一片高达 30 英尺（9.1 米）的水雾。呼吸 3 ~ 4 次后，它会抬起尾鳍，调整好角度，迅速潜入深海中。海底黑暗冰冷，但它身上有一层厚厚的鲸脂，所以海水对它而言只有一丝冰凉的感觉。它听到远处传来响亮而低沉的呼唤，那是别的蓝鲸发现了食物。它浮出海面，深吸一口气，转向呼唤声传来的方向，再次潜入水中。

在水下600英尺（182.9米）的地方，几乎没有光线。但是它的听觉极其敏锐，能在昏暗的深海处发现磷虾群。听到一大群磷虾发出微弱的咔嗒声，它会翻个身，张开嘴，让海水和磷虾漫过舌头，下颌的褶皱不断展开，喉部扩张如充满气的气球。此时，它的嘴里满满的，连鱼带水大约重50吨。

现在，它看起来更像一只超级大蝌蚪，而不是一头巨大的蓝鲸本来的样子。它合上大嘴，挤压喉部，用从上颌垂下来的七八百片长长的鲸须挤掉海水，只留下磷虾。它咽了下去，再用舌头扫一扫，虽然它一口吞下了成千上万只磷虾，但一只都别想跑掉。它又张开大嘴，因为它还需要继续吞食磷虾。它今天还需要3800万只这样的小虾才不会挨饿。

现在是六月下旬，在这个食物丰沛的黄金季节，美国加利福尼亚州附近的太平洋海域到处生机勃勃。到了秋天，食物开始减少，它将和其他鲸鱼一起向南游到适合繁殖的地方，到达哥斯达黎加的温暖水域——因为有独特的水下山脉，这里被称为“哥斯达黎加热穹庐”。与同属须鲸亚目的座头鲸不同的是，蓝鲸在冬季不会放弃进食。这是它找到的洞天福地，这里海水温暖，它将产下体长25英尺（9.6米）、体重8000磅（3628.7千克）的幼鲸，并在营养丰富的水下山脉中找到充足的食物。它需要足够的食物来养活自己和幼鲸。在生命的第一年，幼鲸会吮吸大量母乳，每天长9磅（4.1千克）。采用这种独特的生存策略，蓝鲸能够在海洋中食物匮乏的“沙漠”地带与食物丰沛的“热带雨林”之间穿梭往来，用自己的方式维持巨大的热量需求。

要到达哥斯达黎加热穹庐，它要穿越差不多 3000 英里（4828.0 千米）的海岸线，也许会和捕食区遇到的一个追求者一路同行，但这个追求者可能跟它相隔甚远。距离对蓝鲸来说几乎没什么意义——看得见看不见都无关紧要，它们通过声音来联系。事实上，蓝鲸能听见 100 英里（160.9 千米）外的另一头蓝鲸的呼唤，因为它们利用的是次声波——低于人能听到的最低频的声波，这种声波可以远距离传播。蓝鲸响亮而美妙的叫声通常在 15 ~ 20 赫兹范围内，最高可达 190 分贝，这样的声音能够畅通无阻地在深海里传播，帮助它们与同类交流、进行导航和寻找食物等。

蓝鲸是海洋的主人。在人类发明快艇和鱼叉枪之前，几乎没有什么能威胁到它们。快艇和鱼叉枪分别在速度和敏捷性方面胜过了它们，于是，它们不断被猎杀，几乎濒临灭绝。今天，它们的数量正在回升，不过回升得非常缓慢。它们仍然受到快艇的攻击和威胁，偶尔还有虎鲸对弱小蓝鲸的攻击——不过这种威胁一直存在。海峡群岛附近的加利福尼亚海岸生活着大约 2000 多头蓝鲸，且数量正在增加，它便是其中的一头。沿着圣巴巴拉海峡海底高地的边缘，它找到了丰富的食物。

刚开始研究鲸鱼时，蓝鲸这种巨大的哺乳动物排在我的"必看物种清单"的第一位。我花了很多时间、奔波了很多地方去寻找蓝鲸。我去了加拿大魁北克省附近的圣劳伦斯湾，据说大约有400头蓝鲸在该地区觅食。我有幸见到了长须鲸、小须鲸、白鲸，却没看到一头蓝鲸。我又去了葡萄牙的亚速尔群岛，春天到冰岛附近觅食的蓝鲸会把这里当作中途的一个驿站。我满怀期待，希望能找到一头蓝鲸让我带领的游客一饱眼福，然而找到的却是一群抹香鲸。我将下一个目标锁定在墨西哥的科特斯海，那里是蓝鲸的繁殖区。但同样，我只是远远地看到了一片无法确认的水雾——这是最糟糕的一次。我还去了旧金山的法拉隆群岛和蒙特雷湾，看到了很多座头鲸，却没看到一头蓝鲸。真是芳影难觅！我觉得在浩瀚的海洋中寻找一头体长100英尺（30.5米）的蓝鲸犹如大海捞针。

那时我还没有听到来自加利福尼亚州的惊人的研究结果——越来越多的蓝鲸正出现在加利福尼亚海岸。1986年，那里只有247头蓝鲸；到了1995年，大约有2000头。这种数量上的增长仅用出生率来解释有些说不通。一定有蓝鲸从别的地方迁移到了加利福尼亚州。这听起来像是新的蓝鲸种群被发现了。

1999年6月的一篇新闻报道称，有人在加利福尼亚州圣巴巴拉附近多次看到蓝鲸。得知此消息后，我立刻定了船票，和朋友艾琳·墨菲（Eileen Murphy）一起登上了“神雕号”快船。艾琳和我一样是鲸鱼爱好者，我们从此踏上了漫漫寻鲸路。

我们沿着海峡群岛行驶了大约20英里（32.2千米）。随着时间的流逝，我开始怀疑这次寻鲸之旅是否也会像之前一样无果而终——我们连蓝鲸的影子都没见到。每一分钟都很漫长。我努力控制自己不失去耐心。终于，船长发现了一头蓝鲸，它正喷出蔚为壮观的高30英尺（9.1米）的水雾。船离它更近些时，我看到了水中那条明亮的浅蓝色线条——那是一头体长100英尺（30.5米）的蓝鲸。当它浮出海面换气时，我注意到它那宽大的脑袋前部U形的吻突（与长须鲸和小须鲸的尖嘴完全不同，而长须鲸和小须鲸与蓝鲸最为接近）。真的是蓝色的！第一次看到长久以来心心念念的蓝鲸，真让人心花怒放。看着它在大片的浮游生物中翻滚，让我想到一列飞驰的火车。它径直朝我们冲过来。最后，这个蓝色的庞然大物往水下一潜，拱起背，将尖尖的尾鳍优美地抬出海面。海水如瀑布般从它巨大的尾鳍流向海里，随后，它消失了。

蓝鲸平时难得一见，除非它们主动露面。那天，在蓝鲸出没的热门地，我们看到了8头。我们还看到了6头座头鲸，不过与蓝鲸比起来，它们便相形见绌了。

但是，没有一个人知道为什么这些鲸鱼突然聚在了这里，除了有食物还有什么呢？它们没有出现在其他著名的猎食地，比如阿拉斯加湾、阿留申群岛、不列颠哥伦比亚省、华盛顿州等地。这是为什么呢？

约翰·卡拉蒙基迪斯（John Calambokidis）希望找到答案。约翰是总部位于华盛顿州奥林匹亚的卡斯卡迪亚研究中心的创始人之一，自 1986 年开始研究蓝鲸。那时，美国西海岸的捕鲸活动刚刚停了 20 年，鲸鱼研究尚在起步阶段，人们将大量的时间和精力花在了统计鲸鱼数量和对鲸鱼个体身份的识别上。约翰在法拉隆群岛和蒙特雷湾附近的飞机上清点座头鲸的数量时，发现该地区蓝鲸的数量增加了。让他惊讶的是，加利福尼亚州附近海域的蓝鲸竟然如此密集。

蓝鲸可以活到 90 岁。它们是不是还记得 20 世纪六七十年代在经常捕食的地区遭到猎杀，因此再也不去那里？它们是不是还记得曾经可以听到 1000 英里（1609.3 千米）以外同类的呼唤，而现在，由于海洋中的噪声污染，只能听到同类在 100 英里（160.9 千米）左右发出的声音？只有离得更近才能听到彼此的声音，这是它们更紧密地聚集在一起的原因吗？还是仅仅因为这个地方的食物比其他地方更多、更鲜美？一艘艘货船沿着航道将货物从一个港口运到另一个港口，蓝鲸会因为繁忙的海上交通而被迫离开这片富饶的海域吗？约翰打算对这些问题一探究竟。

2017 年春天，我在位于华盛顿州奥林匹亚著名街区第四大

道上的卡斯卡迪亚研究中心的办公室见到了约翰，请求他允许我参加他们的一个蓝鲸研究之旅。我登上楼梯，穿过狭窄的走廊，来到二楼办公室。约翰带我四处看了看，映入眼帘的是琳琅满目的书籍，书架上堆满了科学论文、会议海报和鲸鱼的海报。实习生们盯着电脑屏幕，正在识别一些鲸目动物的身份信息。储藏室里塞满了摄像设备、各式各样的电子设备零部件和各种用于追踪鲸鱼的卫星追踪器——有的是吸盘式追踪器，有的是飞镖式追踪器。我们聊了一会儿他那包罗万象的鲸鱼项目，然后下楼去吃泰式午餐。

“说一说，你为什么不做科研了呢？”等餐的时候，约翰问我。我不想聊这个话题，尤其是和我最崇拜的一位研究鲸鱼的科学家聊。但我知道约翰一直在为自然资源保护协会出庭作证，在数起诉讼中反对美国海军使用低频主动声呐和中频声呐，他也投入了大量精力研究美国海军的那些项目。因此，我相信他不会小瞧我的经历。但上一次与某个官员间的不愉快往事仍然历历在目。

1998 年，我和我的团队在夏威夷岛目睹了被遗弃的座头鲸幼崽的情形。之后我们回到临时居住的小屋，打电话给我的老板，也就是海洋哺乳动物研究所的创始人玛莎·格林，并告诉她我们的观察结果。她立即给美国国家海洋渔业局（NMFS）负责监督美国海军的声呐测试是否合法的官员尤金·尼塔（Eugene Nitta）打了电话。早些时候，“应激行为反应”和“母幼鲸异常活动”曾被作为判断是否暂停声呐测试的标准。在我看来，我们对那头被遗弃的座头鲸幼崽的观察结果绝对符合标准，我希望美国海军的声呐测试到此为止。

不到一个小时，我就打通了尤金·尼塔的电话，讲述了我的所见所想。

“你们的研究地点在哪里？”他问。

“卡韦哈伊港北边 5 英里（8.0 千米）处。”

“哦，原来你们离测试地点那么远呢。”他说。“玛莎说你们发现了一头孤单的幼鲸？”

“对，”我开始把我看到的讲给他听，“我们观察那头幼鲸一共 5 个小时。我们猜它刚出生 2 ~ 3 个月，绝对不到和母鲸分离的年龄。”

“你确定它是一头幼鲸？”

“确定！”我回答。我对他的质疑有点儿吃惊，我认为科学家之间应该有基本的信任。如果我说那是一头幼鲸，那一定是一头幼鲸。我猜测他可能只是想弄清楚事实吧，于是继续给他讲述：“我在安放设备时注意到了它。观察了大约半个小时后，我们十分担心，因为一直没看到母鲸出现，幼鲸显然很焦虑。”

他打断了我的话：“你怎么知道那头幼鲸很焦虑？”

“嗯，在我们观察它的头两个小时里，它不停地跃出海面。

跳累了之后，它又开始不停地用胸鳍和尾鳍拍水，接下来的3个小时里一直拍水。那不正常。我以前从未见过这种行为，也没听说有谁见过。”

“我不确定你能不能说它很‘焦虑’。”他说。“你怎么知道母鲸不在那里？你怎么知道你没有错过母鲸？”

我喉咙发紧。这么多年来，作为专业的鲸鱼研究者，我从未遭受到这样的质疑，他显然不相信我说的话。他把我当成一个没有经验的鲸鱼观察者，对我不屑一顾。而我还天真地以为我在向一位公正的法官讲述着非同寻常的发现，以为他会明辨是非并做出正确决定。他对我进行如此盘问，完全出乎我的意料。我觉得自己仿佛掉进了一个黑洞，头晕目眩，但我还是回应了他的质疑。“因为我们观察了那头幼鲸5个小时，它的身边没有母鲸。我们没有错过母鲸。”

“好吧，谢谢。如果你下次再看到那头幼鲸，立刻告诉我。”说完，他挂断了电话。

我坐在沙发上，电话听筒还在耳边，嗡嗡声似乎要无止境地响下去。我还能说些什么来让他相信那头幼鲸有危险呢？

“你怎么知道那头幼鲸很焦虑？”“你怎么知道你没有错过母鲸？”这两个问题在我脑子里盘旋了好几天，挥之不去。我想大哭！我想大叫！但是我没有。观察那头幼鲸时，我把感性放在了一边，在搜集那头孤苦伶仃、焦虑不安的幼鲸的相关数据时，我努力克制自己，努力像个科学家的样子。然而现在，有人告诉我，我错了，那头幼鲸表现出的是正常的鲸鱼行为。

有那么一会儿，我几乎相信了他。我不想被痛苦和愤怒包围，所以我把自己亲眼所见的事丢到了一旁。我相信国家海洋渔业局的这个“专家”知道自己在说什么，他说我犯了一个错误，错过了那头母鲸。难道伤害或杀死鲸鱼、海豚只是“附带伤害”吗？有那么一会儿，我甚至希望整件事根本没有发生。我抛弃了自己。

我想起上大学时读过一篇心理学研究报告，内容是关于团体动力学实验的。实验过程是，在一张纸上画两条线，一条比另一条长。一组参与者聚在一起回答这个问题：哪条线更长？被安排在小组中第一个回答的人说短线是两者中较长的。在那之后，每个参与者都同意这个说法，认为较短的那条线更长，尽管很明显并非如此。我一直对这个实验感到不解。人们怎么能对一个错误的答案人云亦云？我本以为我会说出真正的答案，尽管我的导师认定我是个“一发愁就肚子疼，一肚子疼就什么也干不了的人”。

现在，我发现导师对我的看法没错。遇到一点点阻力，我就崩溃了。尽管我讲出了那头被遗弃的幼鲸的真相，我还是随时准备收回我说过的话。毕竟，尤金·尼塔来自美国国家海洋渔业局，有多年的工作经验，而我研究鲸鱼只有 5 年。我也希望我能认同“美国海军的低频主动声呐测试是安全的”这一说法。我也希望他们说的测试会停止是真的，这样我就可以拍拍屁股回家，忘掉曾经发生过的事情。

低频主动声呐测试确实暂停了，但只停了一天。美国国家海洋渔业局只是象征性地做了做样子，其实没有任何实质意义。我无能为力，给不了鲸鱼任何帮助，但是我跟自己保证，当更多证据表明这项技术存在危险时，我会作为目击证人出现。

在观察到那头被遗弃的座头鲸幼崽 9 天后，我又看到了另一只孤单的海豚幼崽。和朋友们一起观察鲸鱼时，我们发现了一只长吻原海豚幼崽在水中挣扎。我们跟踪了它一个半小时，试图让它向南游，游到我们之前看到的一群海豚中，希望它是这群海豚中的一员。那只小海豚向南游了一会儿，随后又改变方向，向北游去，并且朝着那个方向游了很久，接着，又出人意料地换了一个方向。过了一会儿，我才意识到我见过的那头座头鲸幼崽也是这样。这些幼崽一定已经绕着这片跟妈妈失散的水域游了一圈又一圈——它们一直在呼喊，在聆听，在寻找。最终，我们在波涛汹涌的海浪中跟丢了那只小海豚。

单独留下海豚幼崽是一件非同寻常的事，比单独留下鲸鱼幼崽更不寻常。正常情况下，海豚幼崽不仅有妈妈照看，还有一大群成年海豚保护。一群海豚丢下一只小海豚不管不顾，是不大可能的事，甚至有报道称海豚妈妈在幼崽死后几天都一直抱着它。在过去 20 多年关于鲸鱼和海豚的研究中，科学家从未见过鲸鱼孤儿或海豚孤儿。如今，在不到两周的时间里，我们在低频主动声呐测试区看到了两只孤单的幼崽。

1998 年 3 月 31 日，在声呐测试结束几天后，我坐在西雅图家中的客厅里，试图忘掉这段让我痛苦不堪的经历。我不停地切换电视频道，想找些有趣的节目，这时一条午间新闻吸引了我的注意力："据报道，在美国夏威夷岛，一头罕见的瓜头鲸幼崽试图吮吸水中游客的脚趾。官方正在研究如何处理几天前在科纳国际机场附近的海域出现的这头幼鲸……"

看到在声呐测试区出现了第 3 头失去妈妈的幼鲸，我惊呆了。这绝不可能是简单的巧合。我确信低频主动声呐是让这些幼鲸失去妈妈的罪魁祸首。然而，那些开展测试的科学家却对此视而不见，甚至否认事实。我也是其中的一个。

在接下来的两年里，我一直保持沉默，因为我担心，作为一名鲸鱼爱好者，别人会认为我不够科学、不够客观。我开始写作，为自己的科学家生涯画上了句号。我内心的某些东西被打碎了，我再也不能坐视不管了。

我边吃午餐边给约翰讲述这些事情，心绪难平，浑身颤抖。

"我从不知道竟然还发生过这种事。"等我讲完了，他说。

"我从未以科学家的身份公开阐述过这件事，"我说，"我觉得就算那么做了也无济于事。但我给《海洋王国》（*Ocean Realm*）、《生态学家》（*Ecologist*）和一些地方报纸写过文章，希望这件事受到公共舆论的评判。"

“这件事还没完，你放心，”他说，“美国海军必须每5年重新申请一次许可证。我想看看你发表的文章。”

自从1998年我经历了与美国国家海洋渔业局官员的不愉快的事情后，自然资源保护协会就一直质疑美国海军获得的在世界各地的海洋中进行低频主动声呐测试的许可是否合法。从2002年开始，自然资源保护协会以3起诉讼案的成功为保护海洋哺乳动物和其他海洋生物做出了更大的贡献。在2016年的第三起诉讼案中，美国第九巡回法院裁定，美国国家海洋渔业局非法批准了美国海军的声呐测试许可证，导致“对海洋哺乳动物的系统性保护不足”。

我同意把自己发表的文章寄给约翰。

几个月后，约翰邀请我登上海峡群岛国家海洋保护区的一艘研究船，进行为期3天的科学巡航，研究蓝鲸如何利用圣巴巴拉海峡的航道来捕食。我在出发的前一天晚上到了码头，约翰在大门口迎接我，带我参观了一艘62英尺（18.9米）高的高速双体船——“海鸥号”。

每年都会有2700艘大型集装箱船穿越70英里（112.7千米）长的圣巴巴拉海峡，将货物从亚洲国家运送到美国加利福尼亚州南部。数百头蓝鲸也沿着同一条航道一路捕食，以维持它们每天150万千卡（627.9万千焦）的巨大营养需求。像穿越公路的鹿群一样，蓝鲸和其他鲸目动物都意识不到这些大船会给它们带来危险。2007 年，至少有 5 头蓝鲸（在海里死亡的鲸鱼通常不易被发现，所以数目可能比这个多）因加利福尼亚州附近船只的撞击而死亡，这给当地的海洋哺乳动物学家敲响了警钟，他们意识到得做些什么了。至少有 3 头鲸鱼已经死在了圣巴巴拉航道上。

作为北太平洋东部蓝鲸种群的一部分，加利福尼亚州附近的蓝鲸现在约有 2500 头。禁止捕鲸以来，座头鲸和灰鲸的数量开始回升，但蓝鲸的数量一直没有回升。2007 年的船只撞击事件发生后，约翰开始着手寻找解决办法。在 2017 年 9 月的这次巡航中，他希望找到更多的线索。

“已经大约两周没有蓝鲸的任何报道了，它们可能已经离开了这个地区。”在巡航开始的前一天晚上，我们正要走进“海鸥号”的船舱时，约翰对我们说，“今年我们着手做这件事的时间比往年晚了一些。接下来的几天，天气也有点儿难以捉摸，不知道事情会怎么发展。”他补充道。

听到这个消息，我惊呆了。我一边努力消化这个坏消息，一边环顾这个临时搭起的实验室的各个台面。台面上堆满了鲸鱼追踪器的电子元件、运动相机、普通相机、正在充电的电池、笔记本电脑以及其他个人装备等。每个台面上都堆得满满当当。我心想，我们真的会无功而返吗？

我把背包放在床铺下的地板上。床铺旁边是一张大桌子，也被改成了睡觉的地方。桌子对面是一个设备齐全的厨房，典型的 U 形设计，里面有冰箱、水池、烤箱等。这次寻找蓝鲸之旅又会很糟糕吗？我瞥了一眼船头楼梯上的舵手室，疑虑重重。

我决定把心思集中在这次巡航上，毕竟接下来的 3 天我是打算在海上寻找蓝鲸的。最坏又能怎样？“不管怎样，我都能接受。”我说。当然，我还是希望能看到几头蓝鲸。

当天吃晚饭时，约翰把我介绍给了船上的其他人。简恩·塔克伯里（Jenn Tackaberry）最近从美国马萨诸塞州普罗温斯敦市海岸研究中心——该中心是美国最古老的一个开展鲸鱼研究、教育和救援工作的中心——搬到了美国西北部。实习生雷切尔·瓦赫滕东克（Rachel Wachtendonk）和莉萨·伊尔德布兰德（Lisa Hildebrand），前者是美国西华盛顿大学的应届毕业生，后者是就读于英国纽卡斯尔大学的德国学生。船长兼研究助理柯尔斯滕·弗林（Kiirsten Flynn）是卡斯卡迪亚研究中心的实习协调员。在介绍蓝鲸追踪者詹姆斯·福施（James Fahlbusch）时，约翰说：“他可是我的左膀右臂。”

第二天早上，特伦斯·希恩（Terrence Shinn）上尉和马歇尔·斯坦（Marshall Stein）上尉做了简要的安全指示后，约翰给我们分派了任务。他和詹姆斯负责给蓝鲸安装追踪器并做活检，柯尔斯滕和莉萨负责做调查、活检和拍身份照，我、简恩和雷切尔一起在“海鸥号”的桥楼上负责记录蓝鲸的种类、数量和行进方向，观察它们的各种行为，并拍摄身份照。

我和简恩、雷切尔、特伦斯、马歇尔将乘双体船沿北面的出港航道向西航行。其他人将驾驶两艘硬壳充气艇，一艘是以蓝鲸的学名命名的“蓝鲸号”，另一艘是以喙鲸的科名命名的“喙鲸号”。两艘硬壳充气艇的航线与我们的航线平行，但都在我们的南侧，“喙鲸号”在中间航道，“蓝鲸号”沿着名为“200米航线”（航海图上沿着海峡群岛延伸的航线，标着200米或大约650英尺水深）的航道前进。

蓝鲸可能更喜欢600英尺（182.9米）深的水域，不过，它们更有可能是被上升流吸引到那里的。上升流将营养物质带到海面，形成的食物链为蓝鲸提供了营养丰富的食物，也使“200米航线”成了蓝鲸出现的热门地。如果这片水域有蓝鲸，约翰认为它们一定会出现在“200米航线”这里。要想在这次巡航中取得研究成果，我们首先得找到几头蓝鲸。

我们将探访海峡群岛国家海洋保护区，其边界是海峡群岛——一条150英里（241.4千米）长的岛链，离岸12~70英里（19.3~112.7千米）。海峡群岛位于加利福尼亚州，离圣巴巴拉不远。加利福尼亚州的海岸线，在北加州是南北向，在康赛普逊岬处转成东西向。康赛普逊岬处于向西北运动的太平洋板块和向西南运动的北美板块交界处的圣安德烈斯断层。

冬季多雨、夏季炎热干燥的地中海型气候，加上岛屿与大陆长达 3000 万年的分离，这些非同寻常的因素结合在一起，使海峡群岛成了该地独有的 23 种动物（包括岛屿灰狐、鹿鼠、夜蜥蜴、西丛鸦、呆头伯劳鸟等）的家园。一度濒临灭绝的加州褐鹈鹕和稀有的汤氏大耳蝠在海峡群岛上都有重要的繁殖群体。1959 年，曾经在北美洲被发现的一些最古老的人类遗骸又在圣罗莎岛被发现了，那是生活在大约 13000 年前的阿灵顿泉人的遗骸。海峡群岛由 8 座岛屿组成，其中的 5 座——圣巴巴拉岛、阿纳卡帕岛、圣克鲁斯岛、圣罗莎岛和圣米格尔岛——几千年来一直居住着原住民丘马什人和通瓦人，并于 1980 年被指定为国家公园。阿纳卡帕岛和圣巴巴拉岛于 1938 年被划为自然保护区。

我沿着楼梯爬上甲板，跟着简恩和雷切尔到了桥楼。白色的船长座椅用螺栓固定在甲板上，我们各自坐下来，准备观测鲸鱼。早上 7 点刚过，我们就从圣巴巴拉港口出发了，白天的每一秒钟都不能虚度。一排排游艇泊在码头边，褐鹈鹕和鸬鹚在航标和海滩上休息。我们经过斯特恩码头，发现一艘游轮停靠在离岸边不远的地方。这是我最爱的时光——船在海中，我在船上。海面平静得像一面镜子，我们的船在水中轻轻摇曳，简恩和雷切尔谈论着海况。

海况通常用“蒲福风级”来描述，它最早由爱尔兰水文学家弗朗西斯·蒲福（Francis Beaufort）爵士于 1805 年提出，描述风对护卫舰船帆的影响，从“刚刚能摇动船帆”到“船帆无法承受”。今天，蒲福风级依然用于根据观测到的海况（比如浪高和风速）来描述风力。海况对于研究鲸鱼很重要，因为它可能会给研究结果带来误差。如果某一天海况十分理想，而另一天却十分糟糕，几乎什么都看不到，那么你很难证明研究的效果。

想要看到鲸鱼和海豚或者它们的喷气情况，我最喜欢的海况是蒲福风级为 0，也称“风平浪静”“海面如镜”级，就像今天这样，如果运气好，碰巧离得又足够近，就很有希望看到从水中跃出的整头鲸鱼。这种近距离观鲸的场面往往极为壮观。蒲福风级为 1~2 时，微风吹拂海面，泛起阵阵涟漪和微波，这样的条件也适合观鲸，乘船也非常舒服。蒲福风级为 3~4 时，风速能达到每小时 7~17 英里（11.3~27.4 千米），会掀起 2~4 英尺（0.6~1.2 米）高的海浪，形成白色的浪花，观鲸条件一般。如果超过这个级别，从 5 级风开始，风速会达到每小时 18~24 英里（29.0~38.6 千米），能不能观察到鲸鱼便很难说了。即使最有经验的观察者也可能因为滚滚巨浪而误看误报，因为除了身强力壮的大鲸鱼喷出的最高的水雾外，其他鲸鱼喷出的水雾很快就会随风飘散。

在“海鸥号”上的第一个早晨，一切都非常顺利，平静的海面偶尔泛起阵阵波纹。我们离海岸不远，这时，我注意到远处有一道白色的水纹。我用双筒望远镜观察到一群海豚正在由南向北游动，黑色的背鳍清晰可辨。慢慢地，有几只海豚开始跃出海面。它们离我们越来越近，很快就把我们的船围住了。我俯下身，靠在船边，看着水中的它们。它们挤成一团，游动速度和船速差不多，出没在船头扬起的浪花里。它们黑灰相间，身体两侧中间各有一个黄色的漏斗形图案，一直延伸到喙部。它们随波起伏时看起来轻松优雅。每当它们浮出海面时，我都能听到它们呼吸时头顶的喷气孔发出的噗的声音。它们是比较常见的海豚。这里的“海豚”是对水下罕见的美丽生物的统称。

“海豚”和“鼠海豚”这两个词经常被混用，但它们并非完全相同。海豚科有 38 种海豚，都长着圆锥状的牙齿。6 种鼠海豚比普通海豚个头更小，身体更圆，都长着铲状牙齿。海豚通常成群结队，似乎与人类和船只更合群，而鼠海豚群体较小，人们认为它们更胆小。但我也曾在加拿大不列颠哥伦比亚省和美国华盛顿州的圣胡安群岛之间的乔治亚海峡看到过黑白相间的白腰鼠海豚。它们拱身跃起、抬起尾鳍，或者向身后喷气，就像普通海豚一样，令观鲸者欣喜若狂。

海豚、鼠海豚和其他齿鲸都使用回声进行定位，回声定位系统是齿鲸寻找食物、在昏暗的海底导航的依据。回声定位是指某些动物能通过口腔或鼻腔把从喉部产生的超声波发射出去，利用折回的声音来定位。通过接收和分析物体反射回来的声波，这些动物能够“看”清周围的环境。回声也是一种声音，是齿鲸挤压喷气孔周围鼻腔中的空气而形成的。齿鲸用额隆（前额的脂肪团）聚集声音，声音从物体上反弹回来，通过下颌接收。海豚的下颌布满了神经，它们把信息传递给相对大而复杂的大脑。海豚能够利用回声定位将食物和其他东西区分开。有些视觉受损的人也掌握了这种方法。

围着“海鸥号”嬉戏的海豚很快就不再嬉戏了，它们向右游去。顺着它们游走的方向，我看到前面翻起的白色巨浪和觅食的潜鸟。一顿大餐就在眼前，而大餐却在航道的正中间。幸运的是，当时没有船只出现。海豚迅速浮出海面，深吸一口气，然后潜入深水中，把密集的鱼群赶到海面上，准备饱餐一顿。现在，加州海狮也想捞点儿实惠，它们跟着海豚上浮下潜，每次都不会空手而归。空中盘旋的粉爪黑身的剪水鹱也不愿错失良机，跟着扎进水中。褐鹈鹕也飞来了——这种大型聚会它们一定要参加。一头座头鲸雄赳赳气昂昂地加入了抢食大战，占据了中心位置。它翻了个身，然后潜入水中，将尾鳍高高地露出海面。

我远远地看着，深深感叹海洋的生产力。海洋养育着大大小小种类繁多的生物,从食物链最底端的绿色浮游植物,到磷虾、桡足类浮游动物，再到为大鱼、鸟类、鲸鱼提供食物的小银鱼、沙丁鱼这些饵鱼。这是一个运转良好的体系,经过数千年的进化,使海洋生物和陆地生物的生命得以延续。

水本身也为我们提供了很多无形的福利。无论是淡水还是海水，当我们离得很近时，水中释放的阳离子都会让我们精神舒缓、元气满满，这可能就是为什么很多好点子都是在洗澡的时候想到的。研究表明，在海滩或湖边漫步能缓解抑郁和提高创造力。看着奔腾不息充满生机的海水，我感到身心放松。

我们沿着圣巴巴拉海峡行驶时，一群又一群海豚从眼前游过。每当海豚经过时，我都会发自内心地微笑。有的海豚会游过来打个招呼,我也会情不自禁地挥一挥手,热情地喊一声:“嗨，朋友们！”有的海豚径直游过去，没有朝我们游过来，沿着它们的路线行进。海豚到底有什么魔力啊？我在观鲸时发现，很多不苟言笑的成年人在看到海豚时会开怀大笑，高兴得像个孩子。海豚为什么能使我们微笑？

多年来，我对这个问题一直很感兴趣。我觉得这跟海豚本身有关。看到一家子熊或者一头大象带着小象宝宝的时候，我也会很兴奋，但是与看到海豚时产生的那种兴奋和轻松大不一样。有人认为海豚拥有特殊的治愈力，并将其与水疗法结合，用于治疗自闭症患者和其他能力缺失的人。还有人根据民间传说,认为海豚来自其他星球,并给我们带来了另一个世界的信息。在我看来，海豚的确与众不同。它们具有感染力，它们的自由自在让人感到轻松愉悦。我认为，海豚身上有我们人类一直苦苦追求的东西：和平、自由、快乐。我还记得在凯阿拉凯夸湾遇到的海豚妈妈和海豚宝宝，记得海豚妈妈传递给我的信息以及其中所包含的宽容。想起这些,看着那些海豚从船边飞快游过，我情不自禁地笑了。

一个浪打过来，船身突然颠簸了一下，我从对海豚的遐想中回过神来。我扫视了一下海面，巨浪翻滚，夹杂着白色的浪花，海况发生了变化。我们已经向西航行了好几个小时。前方出现了一道白色的水痕，这意味着我们正在驶离康赛普逊岬的防风带，那是海水交汇的地方。在这里，沿着加利福尼亚海岸线向南流动的加利福尼亚寒流遇到了比它温暖的南部加利福尼亚洋流。环流贯穿整个圣巴巴拉海峡，形成了异常高产的上升流。由于多年来该地区构造板块的运动改变了水流方向，使得加利福尼亚州成了世界上最好的观鲸地。

我们的船在汹涌的波涛上左右摇晃，让我想起了几年前的一次观鲸经历。当时船上有很多人，有的躺在甲板上，有的倚靠在船边，我和他们一样，胃里翻江倒海。我讨厌晕船的感觉，这次出海，我特地带上了姜根胶囊。

快到康赛普逊岬和太平洋开放海域时，我们已经离圣巴巴拉将近 60 英里（90.6 千米），大海掀起的巨浪几乎和两层的桥楼一样高。我坐在船长座椅上，感到睡意沉沉，这是我晕船时出现的第一个症状。

从驾驶室传来了手持甚高频无线电对讲机的声音："从驾驶室到桥楼上去！"船长特伦斯在船舱里喊，"马上！我们将掉头向南行驶大约 1 英里（1.6 千米），然后向东驶入进港航道。"听到这个消息我很高兴。因为我们已经有一个多小时没有看到任何海洋动物了，没有海豚，没有海狮，没有海鸟，最重要的是，没有蓝鲸，只有 3 艘大型空集装箱船从航道通过。今天，似乎没有鲸鱼在这条航道上活动。

约翰和他的团队今年 6 月份在这片水域进行调查时，情况并非如此。阿纳卡帕岛的东端有一片磷虾聚集地，就在向东的航道边缘，在航道和鲸鱼经常出没的“200 米航线”之间有一个易堵塞路段。

当蓝鲸专注于捕食时，它们似乎听不到迎面而来的船只发出的噪声。从进化论的角度来讲，它们还没有学会避开那些为赶时间交货而高速行驶的集装箱船。直到 2007 年，发生了几起蓝鲸被超速行驶的船只撞死的事故后，约翰才意识到，船只撞击可能是禁止捕鲸后蓝鲸数量没有像其他鲸鱼的数量那样回升的原因。他告诉我，他认为全世界范围内只有不到 10% 的船只撞击事故被记录在案。这意味着每报道一头蓝鲸被船只撞死，就有 5~10 例事故没有被报道出来，因此也没有引起人们的注意。东海岸的长须鲸、座头鲸、灰鲸和露脊鲸种群也都因船只撞击而受到威胁。

虽然有些科学家可能不认可蓝鲸数量尚未回升的评估结论，但几乎每个人都同意船只撞击的确是个问题。2013 年，人们对圣巴巴拉海峡的航道进行了改造，为鲸鱼腾出了更多空间。航道从 2 海里（3.7 千米）收窄到 1 海里（1.9 千米），进港航道北移，远离大陆架边缘和“200 米航线”。这一行动是有意义的，但仍有鲸鱼死在航道上。鲸鱼的猎食对象似乎跟鲸鱼一样，无法识别出航道。显然，人类还有很多工作要做。

我们向左转，驶向海峡群岛最西端的圣米格尔岛。大约25000年前，最后一个冰河时代还没有结束，北方的4个岛屿——阿纳卡帕岛、圣克鲁斯岛、圣罗莎岛、圣米格尔岛——曾经连在一起，叫作“圣罗希尔岛”，离现在的加利福尼亚海岸只有5英里（8.0千米）。15000年来，随着冰川消融，海平面上升了大约300英尺（91.4米），淹没了圣罗希尔岛，只留下那些最高的山峰（也就是我们今天看到的海峡群岛）在海平面之上。在这座古老岛屿的边缘形成了“200米航线”。现在我们正向那条可能会看到蓝鲸的航线靠近。

行驶1英里（1.6千米）后，我们又拐了一个弯，这次拐进了东行的航道。由于是顺风，双体船不再摇摆，行驶得很平稳。我举起双筒望远镜，想找找看有没有蓝鲸喷出的水雾。

“海鸥，海鸥，我是蓝鲸。请注意！”约翰在无线电对讲机中喊道。

“蓝鲸，我是海鸥，请讲！”特伦斯回答道。

“我们在这里发现了蓝鲸。这个地区可能还有六七头，需要你们来拍几张身份照。”

“收到。马上就到。”特伦斯说着，再次向圣米格尔岛和圣罗莎岛之间的地带驶去。

几分钟内，一切都变了。之前我们一直在观察和等待，现在惊喜不断。突然之间，我们被海豚包围了。雷切尔和我负责统计有多少只海豚并记录它们的行踪，简恩抓起相机给一头突然出现的座头鲸拍了身份照。

接下来，简恩拿起一个手持式定向天线，试图定位一头带有吸盘式追踪器的蓝鲸。这个天线的两边各有3根线，长度从底部到顶部依次递减，就像一棵没有树尖的圣诞树。它和我在纪录片中看到的生物学家在塞伦盖蒂大草原追踪狮子或大象的装置差不多。一根电线将它和简恩扛在肩上的甚高频接收器连了起来。我以前既没见过也没听说过这样的追踪装置，所以我走到船的另一边去仔细听。简恩高举着天线，小心翼翼地把它从左移到右。我努力想从安静的追踪器中听到哔哔声，但什么都听不到。

“我听到了！”简恩说。那表明蓝鲸就在前面不远处的海面上，我歪着脑袋，把耳朵贴得更近一些，同时观察着海面。

追踪鲸鱼和追踪大象的区别在于，追踪鲸鱼的设备发出的哔哔声不像追踪大象的设备发出的声音那样连续不断。这是由鲸鱼的生活方式决定的，只有鲸鱼浮出海面时，追踪器才会发出声音，而且每次只有几秒钟。如果错过鲸鱼浮出海面的机会——现在我明白了，这种机会稍纵即逝——我们将不得不等待下一次。这取决于鲸鱼在做什么，比如，是在进食还是在游动。鲸鱼下一次浮出海面可能需要很久，也可能在距离我们很远的地方。

我试图从安静的追踪器中听到点儿什么。我听到了追踪器传送到接收器的哔哔声。“哔、哔、哔、哔、哔、哔、哔、哔。”巨大的蓝鲸让追踪器在海面上保持了几秒钟，这可能意味着它拱起背准备进行一次较长时间的潜水。太阳逐渐西沉，我逆着刺眼的阳光，想看看能否找到蓝鲸那蓝灰色的身体。然而，一切都静悄悄的。

大家在甲板上等着，看看前面，又看看后面。几分钟过去了。

“喷了！”雷切尔喊道，“12 点钟方向，100 米处。”但没有哔哔声。这不是我们追踪的那头蓝鲸，它还在水下长时间潜泳。简恩拿起一架配有 400 毫米长焦镜头的相机，抓拍到了几张蓝鲸背鳍露出海面时的侧面照。她把相机递给雷切尔，又拿起天线。我扫视着周围的水域，搜寻其他蓝鲸的身影。此时，我们所有人都将全副身心投入到了蓝鲸和它们身处的这片海洋。

雷切尔拍照，简恩专心听追踪器里的声音。突然，我听到了哔、哔、哔、哔的声音。“喷了！”我喊道，“3 点钟方向！”

“驾驶室，这里是桥楼。”简恩对着手持无线电对讲机说。

“驾驶室听候指示。”马歇尔说，现在是他当班。

“发现一头鲸鱼在 3 点钟方向，约 0.5 英里（0.8 千米）远。能否靠得更近点儿？”

“明白！”马歇尔掉转船头，向鲸鱼的方向驶去。

追踪器的哔哔声响了。这是我们想要追踪和拍照的那头蓝鲸。简恩架好相机，在蓝鲸抬起尾鳍准备下潜时，她拍到了几张照片。按照蓝鲸的行为模式，它要下潜大约 6 分钟。我们可以趁机喘口气。我坐到椅子上，一边休息一边等待。

“这是你看到的第一头蓝鲸？”简恩问雷切尔。“是呀，第一头。”雷切尔说。雷切尔以前研究过华盛顿贝灵汉湾的海豹。

“恭喜恭喜！”我说。

“它们可真大啊！而且它们总是自顾自地往前游。”雷切尔说着，咧嘴笑了。的确，它们不停地向前游，像一列行驶的火车。我想起了自己第一次看到蓝鲸的情形。接下来的 1 小时，我们看着那些蓝鲸浮出海面又潜入水中。

“如果说有人一定要找到它们，那就是约翰。”当天稍晚些时候特伦斯说，“我觉得他一定想和它们谈谈。他甚至知道它们在水下会做什么。”

我深表赞同。约翰已经对蓝鲸可能出现的位置做了最好的猜测，他不需要任何额外的观鲸信息。我觉得没有人会像约翰一样为寻找蓝鲸投入那么多精力。通过今天的观察和追踪，约翰相信这次出海一定会有收获。至于收获多少，尚不可知。

第二天早上刚过 7 点，我们就出发了，这一次我们直奔前一天发现蓝鲸的地方。约翰从追踪器上下载的数据显示，一夜之间，蓝鲸已经沿“200 米航线”向东游到圣克鲁斯岛附近了。

一路上我们又统计了遇到的普通海豚和座头鲸，不过，这一次我们在任务清单上增加了监听追踪器这一事项。昨天，一个吸盘式追踪器在夜里丢失了，现在正向一颗卫星发送高质量定位信号，卫星会将接收到的信号转发到约翰的笔记本电脑上。如此高质量的定位表明追踪器不再在鲸鱼身上，而是漂在海面的某个地方。

“蓝鲸号”和“喙鲸号”全速向昨天的那个地方驶去。我们将“海鸥号”开到最大速度，也就是以大约每小时19英里（30.6千米）的速度前进，一边行驶，一边计数、记录、监听。这一次，由雷切尔来监听，她将天线慢慢从左移到右。我们离卫星的定向坐标还有几英里远。

当我们到达蓝鲸的活动地点时，约翰已经找到了追踪器。数据可以找回，追踪器也可以再次使用了。约翰发现追踪器和他想要追踪的几头蓝鲸一起漂在海面上。雷切尔放下天线，我们转而去寻找想要为之拍身份照的蓝鲸。

像昨天一样，一旦我们发现一头蓝鲸，就会发现周围有好几头。不同的是，昨天蓝鲸每次下潜六七分钟，今天蓝鲸下潜的时间更长，长达10~15分钟。我很好奇它们在水下做什么。我一边琢磨，一边想象它们在水下的样子。但是想象那种场景对我来说是一件困难的事，比想象自己在月球上行走或在太空中漂浮似乎还要难——也许是因为我们对太空的了解比我们对深邃浩瀚的海洋的了解更多吧。

人类穿上宇航服就可以在月球上轻松行走，但在海洋深处，即使穿上潜水服，我们也无法像鲸鱼那样忍受海水巨大的压力。

专业水肺潜水员一般能待在水下 400 英尺（121.9 米）以上的深度——这是蓝鲸日常的下潜深度。冰冷刺骨的海水是人类面临的另一个问题。在南极洲，潜水员需要使用至少 100 磅（45.4 千克）的专用装备来保持身体核心温度在华氏 95 度（35℃）以上，以防止体温过低，而鲸鱼生来就有这种应对能力。

把自己想象成一头在森林中寻找浆果的熊，想象它见到的风景、听到的声音、闻到的气味，这不是一件难事，因为我自己就这样做过。但是把自己想象成一头在黑暗的海底深处主要靠声音寻找食物的鲸鱼，我只能望洋兴叹吧。

我们不能像灵长类动物学家简·古多尔（Jane Goodall）在非洲丛林里跟踪黑猩猩那样追踪鲸鱼并进入它们生活的世界，所以收集关于鲸鱼的二手信息——就像约翰今天从追踪器上收集的信息——就变得非常重要。每个追踪器的成本为 1~3 万美元，取决于它被用于收集什么数据。研究人员根据追踪器在鲸鱼身上停留的时间，一天或者数天，收集数据，得到关于鲸鱼的更多线索。近年来随着技术的突飞猛进，鲸鱼研究已经进入了数据收集的黄金时代。追踪器可以收集鲸鱼下潜的时长、海水的温度和盐度、鲸鱼发出和接收到的声音、鲸鱼的运动学特性以及各种动作，如俯仰、翻滚、加速运动等。这些信息经过计算机程序的处理后，会生成鲸鱼的三维图像，实时再现它们在水下的活动。

除了这些三维图像，研究人员现在还获取了由视频追踪器拍摄到的视频片段，让我们第一次看到了鲸鱼生活的世界。我们可以看到，当鲸鱼遇到密集的磷虾群时，是选择猛地冲过去，还是选择从旁边经过视而不见。我们可以看到，鲸鱼张开大嘴猛地吞噬食物时，口腔肌群会一起一伏；用鲸须滤水时，肌肉会慢慢放松下来。海洋世界并不总像我们看到的那样温和、平静。我们可以看到，鲸鱼在下潜猎食时会相互碰撞，在抢食大战中一些鲸鱼会败下阵来。无人机镜头拍摄到的画面，也展现了一个不同于我们从 100 英尺（30.5 米）外的船上看到的世界。我们正以前所未有的方式了解鲸鱼，这是我们最初观鲸时难以想象的。

在对该区域的蓝鲸进行了大约 1 小时的定位和拍照后，我被邀请登上“蓝鲸号”协助安放追踪器。我穿了一套红色救生服，和我在阿拉斯加鲸鱼基金会工作时穿的那套一样。

约翰掌舵，我在他前面一张铺着薄垫的长椅上坐了下来。詹姆斯很快准备好了要用的追踪器。约翰递给我一顶头盔让我戴上，他自己戴着一顶装有摄像机的头盔，这让我想起了动画片《兔八哥》（*Bugs Bunny*）中的火星人。我不知道头盔能否对我们的脑袋起到保护作用，因为我还没有意识到这项工作有多危险。

约翰驾船快速向一对蓝鲸驶去，他说：“我们准备把这个追踪器放到它们身上。”

我扫视着这片水域，搜寻着那对蓝鲸——一头雌鲸和它的伴侣。除了母鲸带着幼鲸，以及捕食季节后期的雌雄搭配，蓝鲸通常独来独往，从人类的角度看，它们是孤独的。

在美国，成年女性的平均身高是5英尺4英寸（162.6厘米），成年男性的平均身高是5英尺9英寸（175.3厘米）。美国人喜欢与朋友和家人保持1~4英尺（0.3~1.2米）的距离，在社交中与陌生人保持4~12英尺（1.2~3.7米）的距离。当然，这种距离因文化差异而有所不同。但是想象一下蓝鲸的社交距离吧，它们体长100英尺（30.5米），在能见度很低的大海中游动，以声音而不是视觉作为定位周围物体的主要手段。从人类的角度来看，鲸鱼只有在身体靠得较近时才称得上“待在一起”。但在鲸鱼看来，它们和朋友之间隔上几百米甚至几千米的距离也算是一起“闲逛”。

在这个特别的早晨，我们追踪的那对蓝鲸亲密地待在一起。它们在我们左侧大约500码（457.2米）处浮出海面。约翰挂上高速挡，向它们飞驰而去。追逐开始了。我用双腿支撑住身体，将后背抵在身后的控制台上。詹姆斯拿着一根末端装有追踪器的10英尺（3.0米）的长杆，爬上船头的斜桅。

“我们现在要右转，转到它们的左侧！”约翰在马达的轰鸣声中对詹姆斯喊道。

詹姆斯转向右侧，将长杆放到身体的左侧。那对蓝鲸再次浮出海面，这是第3次了。在深潜之前，它们习惯性地做了五六次深呼吸。约翰将船速降低，让那对蓝鲸的位置保持在“蓝鲸号”的右侧。突然，它们钻到了船下，即将在船的另一侧浮出海面，细长的蓝色身体近在咫尺。

“我看到它们了，约翰！”詹姆斯喊道，他一边把长杆伸到另一侧，一边盯着那对蓝鲸。“它们就在下面！”就在这时，两个庞然大物一前一后浮出了海面。船快速向前驶去。

我把约翰之前递给我的相机举到眼前。时间仿佛在这一刻停止了。我屏住呼吸，紧盯前方。约翰挂了低速挡。咔嚓、咔嚓、咔嚓，我按下了快门。我甚至都不知道自己有没有眨眼。詹姆斯靠在船边，以教科书式的手法把吸盘式追踪器安在了雄鲸的背部，就在它的背鳍后面。我们再次加速前进。

转瞬间，周围安静了下来。我的头发被风吹得凌乱不堪，有点儿像疯狂飙车时突然停下来的样子。我探头往船下看了看。一圈儿白色的泡泡在清澈的海面上打转，雄鲸摆动着它那巨大的尾鳍潜入了水中。它们消失了，只留下周围的海水汩汩作响。

我呆呆地坐着，心怦怦直跳，好在还没忘记呼吸。我在脑子里又将它们那一连串的“壮举”过了一遍，身体一点点放松下来。约翰和詹姆斯只是口头庆贺了一番，好像这事儿没什么大不了。对他们来说，这不算什么，这就是他们日常的工作。但对我来说，这一刻真是非同寻常。地球上最大的动物近在眼前，触手可及，100英尺（30.5米）长的蓝鲸啊！我从未如此接近过蓝鲸。这算是我一生中最惊心动魄的一次与野生动物的接触了。

约翰把接收器调到了特定的频率，用来接收之前安在蓝鲸身上的追踪器的信号。詹姆斯跪在船头调试另一个追踪器。我看着平静的海面，心跳慢慢恢复正常。

卫星追踪器持续不断的哔哔声打破了刚才的寂静，一会儿又安静下来。“它们浮上来了，”约翰搜寻着海面，“在那儿，”他回头看了看我们身后，启动发动机，掉了个头。“准备好了吗？”他问詹姆斯。

“准备好了！”詹姆斯已经站到了船头，举着的长杆顶端又新装了一个追踪器。这回，他要设法把这个能记录潜水次数和测量潜水深度的追踪器安在领头的雌鲸身上。当我们向那对蓝鲸驶去时，它们将长长的身体拱起来，头朝下扎入了水中。之后它们不停地翻滚身体，最后抬起三角形的尾鳍完成了下潜。我们把船停了下来，等着它们再一次浮出海面。

我们只等了几分钟，那对蓝鲸就又一次浮出了海面。它们在我们对面很远的地方，只呼吸了两次。鲸鱼每次浮出海面通常需要呼吸 4~6 次。这次，还没等我们离得足够近，还没等我们安上追踪器，它们就潜入了水中。由于它们在水下改变了方向，等到最后几次浮出海面时，已经把我们远远地甩在后面了。

“我觉得我们可能惊扰了它们，”约翰说，“它们的行为已经发生改变。再试一次，然后就别再打扰它们了。”

当它们再次出现时，雌鲸在我们前面大约 200 码（182.9 米）处浮出了海面。但是当约翰将船开过去时，雄鲸在我们前面与雌鲸成直角的位置出现了。“这是怎么回事？”我听到约翰将船转向与雌鲸并行的方向时说。

约翰将船靠近雌鲸，但雄鲸紧随其后，鼻子贴着雌鲸的尾鳍。“离得这么近，是为了寻求安慰。”约翰说。如果我们离得再近些，螺旋桨很可能会划伤它们。我们这艘船不会将鲸鱼置于死地，但是考虑到船只撞击是导致鲸鱼意外死亡的主要原因，约翰在那对蓝鲸附近格外小心地驾驶着“蓝鲸号”。

詹姆斯在船头准备就绪，将长杆伸向雌鲸上方。我把相机举到眼前。詹姆斯靠了过去，准备把追踪器安在雌鲸的后背上。我按下快门，在相机镜头里看到追踪器弹开了，在空中画出一道弧线后向后飞去，落进了海里。

“晃了一下，失误了。”约翰退了一步喊道。

“不知是怎么回事，我以为安得挺紧的。”詹姆斯说。他的手在空中挥了挥，然后像刚刚的追踪器一样落了下去。

在我们四处打捞追踪器的时候，那对蓝鲸又下潜了。

我们停了下来，等待它们再次浮出海面。詹姆斯把追踪器放回了原处。几分钟后，它们又浮出了海面，但这一次在离我们很远的地方。之后，它们径直向圣克鲁斯岛游走了。

就在这时，另一头对我们的计划毫不知情的蓝鲸在我们东侧 400 码（365.8 米）的位置浮出了海面。约翰急忙将船向那头蓝鲸开了过去。詹姆斯再次就位，准备将追踪器安到它的身上。约翰快速开过去，将那头蓝鲸赶到我们的左侧。角度稍稍有点儿别扭，詹姆斯不得不将身体向船外倾斜得更多一些。这次，他使劲地按了一下，把追踪器安在了蓝鲸背鳍的前面而不是后面——这是背上的首选位置。在他将要松开追踪器时，长杆和追踪器随蓝鲸一起沉入了海里。我们没看清楚追踪器最后到底安到了哪里。

约翰挂了空挡，我们漂在海面上，任由蓝鲸从船下游过。我再次俯身去看海面。一个巨大的尾鳍从几英尺深的水下掠过，似乎轻而易举就能将我们的船掀翻。

当天晚些时候，我在“海鸥号”上看到詹姆斯向一头蓝鲸的背部掷出一个活检飞镖，他要从蓝鲸身上采集皮肤样本。蓝鲸被扎了一下，将巨大的尾鳍抬出海面。在我看来，这样做很危险。鲸鱼在受到威胁时完全有能力保护自己。那时我才终于知道头盔的用处了。但此刻我坐在“蓝鲸号”上，看着约翰和詹姆斯安放追踪器的那两头蓝鲸头也不回地游走了，并没有感受到危险。

约翰打开接收器，我们边听着里面的声音，边看着蓝鲸浮出海面。

“喷了！”几分钟后，詹姆斯和我不约而同地喊出声，与此同时，接收器里响起哔哔声。

“那是我们追踪的那头蓝鲸。”约翰一边说，一边给船加速。

我们逼近那头蓝鲸，想看看追踪器的情况。有时候鲸鱼第一次下潜时，追踪器会沿着鲸鱼的背部往后滑，因此，看一看追踪器的位置可以让我们知道它能在鲸鱼的背上吸附多久。

就在我们靠近时，那头蓝鲸正将背部拱出水面，它准备俯身下潜。我们看到了追踪器，只比人的手稍大一点儿，粘在蓝鲸的背鳍前面的一侧，但是天线是朝下的。

“哦，天哪！它竟然没被风浪转过来！”詹姆斯说。他的意思是流过鲸鱼身体的海水改变追踪器的位置是常有的事。“不过，我猜这不影响数据收集。”

这确实不影响数据收集，重要的是能追踪鲸鱼就行。因此，一旦追踪器脱落，我们得找回它。约翰预计这种情况会在 24 小时内发生。本周的实验也将在 24 小时内结束，之后，团队成员们会继续下一个项目。但是只有当鲸鱼浮出海面时，我们才能探测到卫星追踪器，而通常情况下，鲸鱼浮出海面的时间只有几分钟。现在，追踪器的天线朝下，只有当鲸鱼拱起背准备长时间下潜时，接收器才会发出哔哔声。不过到目前为止，追踪器还牢牢地粘在它身上，在某种程度上，追踪器的确起了作用。

那头蓝鲸游走了，我在“蓝鲸号”上的工作也结束了。当我们在水平如镜的海上缓缓行驶时，我的脑海中再次浮现出安放追踪器的情景，我深深感谢这惊心动魄的经历。回到“海鸥号”后，由于太兴奋，我的头仍在嗡嗡作响。

明天就是我跟这个团队一起工作的最后一天了。之后，团队成员们会收拾行李南下，去参与另一个研究项目。目前有3个追踪器要处理，其中2个在蓝鲸身上。1个飞镖式追踪器被刺进鲸脂的4个飞镖牢牢固定着，约翰担心它的电池有故障，可能再也找不回来了。第二个追踪器就是那个天线朝下的，那是我亲眼看到如何被安在鲸鱼身上的最后一个追踪器。第三个是长须鲸身上的一个声学追踪器，可惜一夜之间就脱落了。“海鸥号”上的工作人员明天一整天都将在茫茫大海中搜寻这个大约1升塑料汽水瓶大小、带着1英尺（0.3米）长的细天线的橙色小玩意儿。不过，我们获得了一个线索。当天晚上，约翰接收到从圣克鲁斯岛至海峡群岛中部发出的一个高质量的信号，所以我们会从那里开始。

第二天，约翰和詹姆斯乘坐“蓝鲸号”绕着圣罗莎岛航行，希望天线朝下的那个追踪器能在这一天结束前从蓝鲸身上掉落并被找回。柯尔斯滕和莉萨上了“喙鲸号”，他们的任务也是搜索，不过得沿着圣罗莎岛搜索。如果他们能定位到那头带着天线朝下的追踪器的蓝鲸，就知道该去哪里寻找追踪器了。

说到找回追踪器，约翰简直太执着了。他和詹姆斯曾驾驶“蓝鲸号”到离岸100英里（161.0千米）以外的地方去找追踪器。到了那里后，他们发现已经无法在夜幕降临前回到岸边。当天傍晚风平浪静，他们决定就在海上待一宿，于是就在甲板上的一堆救生衣、救生服和实验设备中间躺下了。

“前 3 个小时一切安然无恙，后来起风了，弄得我们很不舒服。”约翰咧嘴笑着跟我讲。“我们出钱出力才弄到一些数据，鲸鱼倒是给我们出了点儿难题。不找回追踪器，决不罢休。”

他们收到过一些信号，但后来那个追踪器就失联了。之前也发生过类似情况，那次他们找回了追踪器，这给了他们信心。他们顺着追踪器最后出现的轨迹又航行了 40 英里（64.4 米），最后在离岸 140 英里（255.3 千米）的海面上找到了那个漂着的小玩意儿。他们回到岸边，兴高采烈地讲述了这段传奇的经历。

当天晚上，回到码头后，我看到了安在鲸鱼身上的追踪器收集到的一些重要数据。约翰给我看他电脑屏幕上的那些代表深潜的线条，位置大约在水下 650 英尺（198.1 米）处，几乎接近海底；还有一些代表鲸鱼在深海里进食高峰和低谷的弯弯曲曲的线条。白天鲸鱼下潜深度稍浅，但仍能看到锯齿状的捕食线。“它们在捕食磷虾，”约翰说，“这跟磷虾的密度有关。晚上更容易接近磷虾，但晚上磷虾也更分散。”

一条锯齿状线条显示夜间鲸鱼在水下休息。因为磷虾群游到海面上时，数量不够大，鲸鱼不屑去捕食。从圣劳伦斯湾一小部分蓝鲸身上收集到的数据显示，它们与另一种以磷虾为食的鲸鱼表现出不同的行为方式，它们确实在晚上捕食。看着电脑屏幕，一切似乎都清晰明了了。

在“海鸥号”上的最后一个早晨，我顺着梯子爬到了顶层甲板上。我们正慢慢地驶出港口。鹈鹕像哨兵一样站着，海狮懒洋洋地躺在浮筒上，目送着我们远去。没有风，海面上水平如镜，我们驶向追踪器提示的最后一个方位，船尾在海面上留下了长长的航迹。

很快就有海豚出现在我们前方，成群结队，由东向西，翻起阵阵白浪。简恩估算了一下这群海豚的数量，并记录在了笔记本电脑的数据库中。我们一边继续向前，一边环视海平面，想看看有没有其他鲸目动物出现。我和简恩都曾在新英格兰研究鲸鱼，我们聊起了这段时光。我告诉简恩，有一次我目睹了海岸研究中心（简恩曾经工作过的地方）的工作人员解救一头被缠绕的北大西洋露脊鲸的整个经过。简恩是普吉特海湾有 4 级（共 5 级）认证的为大型鲸鱼解决缠绕问题的人员，也是那里为数不多的专业人员之一。

随着座头鲸和灰鲸数量的回升，渔具缠绕已成为当今鲸鱼面临的一大危险。从加利福尼亚海岸到俄勒冈州和华盛顿州的海岸，再到普吉特海湾一带，鲸鱼经常被岸边的蟹笼缠住。约翰一直在与捕捞螃蟹的渔民积极沟通，希望他们将冬季的捕蟹期适当延后一些，那时鲸鱼在该地区捕食的可能性要小很多。

可以想象，从一团乱麻似的渔网中解救一头受惊的重 40 吨鲸鱼是一件多么棘手的事情。“最重要的有两点，一是要密切观察鲸鱼，时间越长越好。”简恩告诉我，“二是不要剪任何线，最好由专业人员去剪。”

当救援人员靠近一头被缠绕的鲸鱼时，要先在鲸鱼拖在身后的渔网上拴几个大浮筒。这种做法称为“系桶法”，可以防止鲸鱼潜入水中跑掉，还有助于减缓鲸鱼的游动速度，类似于给狗拴了根狗绳。当鲸鱼累了，解开缠绕它的绳子才更容易，也更安全。如果天气过于恶劣，无法让鲸鱼安全回归大海，救援小组可能还会给它安一个甚高频卫星追踪信标，等到时机合适再帮它。

快到圣克鲁斯岛时，我们的聊天也结束了。简恩和雷切尔拿出甚高频天线，把接收器调到能接收到追踪器发出的信号的频率，大家开始收听。四周一片寂静，漂浮在海面上的追踪器发出连续的哔哔声。雷切尔举着天线前后左右晃动，画出一个很宽的弧形。西边的信号最强，于是她把天线定在那个区域，简恩用无线电指引着驾驶室里的特伦斯。

我们离追踪器更近了，特伦斯驾驶“海鸥号”转了一个大圈，以便更好地确定追踪器的方位。在不断缩小的范围内，我们逼近了追踪器。我、简恩和船长马歇尔负责观察海面的情况。我们跟着信号到了岸边，简恩和特伦斯开始讨论救援的事，如果有必要，他们得在离海滩较远时拔下追踪器。

海面上时而平静，时而泛起涟漪，时而翻起白浪。耀眼的晨光略微有点儿妨碍搜索，但真正困扰我的，是我不知道要找的东西是什么样子。我从未见过漂浮在海面上的追踪器。它漂在苍茫的大海上，是像塑料袋那样，还是更像软木塞？詹姆斯把它粘在鲸鱼身上时由于距离很近，所以看上去比较大，但是从几百码（1码≈0.9米）外的一艘大船的二层看过去，它会是什么样？我靠在椅子上，把脚放在前面的仪表板上，将双筒望远镜举到眼前，把胳膊肘支在膝盖上以保持镜头稳定。我慢慢扫视了一下前方的海面。已经离追踪器很近了，我们一定要把它找回来。

我看到它了，一个与海洋格格不入的橙色小东西。“喂，我看到一个橙色的东西。”我一边说，一边用望远镜对准那个物体。“有多远？”简恩问道。

“说不准。”我的双筒望远镜没有帮助判断物体距离的十字线。“就在正前方那块比较平坦的地方。”我又补了一句，努力想说清楚我看到的橙色物体在海面上的位置。我的眼睛没有离开望远镜。

“哦，真的！看到了！”雷切尔说，“就是它。”我们离它更近了，那个纤细的天线也一清二楚。我们要在大海里捞的那根“针”，正像个节拍器一样左右摇摆。

马歇尔下楼时顺手从顶层甲板上抓起一张大网。我站起来，拿起相机，看着特伦斯沿着追踪器慢慢操控着大型双体船。3条锁链一横两竖在船尾形成了一扇门的形状，马歇尔趴在锁链上，敏捷地将追踪器网住了。

不管什么时候，多找回一个追踪器，我们对鲸鱼的了解就

更多一些。这个安在长须鲸身上的声学追踪器，记录了它听到的噪声、发出的叫声等重要数据。它接收到的噪声等级尤其重要，因为鲸鱼几乎完全依靠自己的听觉和外界发出的声音寻找食物和伴侣，或警告其他鲸鱼周围可能存在危险，如有过往的船只等。目前，蓝鲸在某些地区仍被列为濒危物种，如何才能减少对这些海洋中的庞然大物的影响，对人类而言，找到解决的办法至关重要。

约翰和他的团队收集的其他样本，如蓝鲸浮出海面呼吸时释放的荷尔蒙的样本、排出的粉红色粪便（因食用磷虾而被染色）的样本和身体组织活检样本，结果都显示，与不在航道附近活动的鲸鱼相比，在航道附近活动的鲸鱼体内的压力荷尔蒙有所增加。船只通行和噪声正对所有大型鲸鱼造成越来越严重的影响，直接影响在于，会导致鲸鱼被船只撞伤或撞死；间接影响在于，会导致鲸鱼因找不到足够食物而产生生存压力。

世界各地的海洋俨然成了海底“高速公路”网，野生海洋动物深受其害。美国和加拿大的一些地方在车流量最大的公路边为陆地野生动物修建了专门的地下通道和立交桥，在海洋中却不可能这样做。因此，我们开始寻找新的解决方案来帮助海洋动物。

除了改变航道，还有另一个解决方案，旨在通过一个计划解决几个环境问题。这个自发的“船舶减速激励计划”（也称“保护蓝鲸和蓝天计划”）通过给航运公司提供财政补贴，让船只从公海进入近岸航道时降低速度。平均而言，进入圣巴巴拉海峡的集装箱船时速为 14~18 节，即每小时行驶 16~20 英里（25.7~32.2 千米），对大型船来说，这个速度相当快。时速减至 12 节，或者每小时行驶 12 英里（19.3 千米），或者最好是 10 节，即大约每小时行驶 11 英里（17.7 千米），就会大大降低撞到鲸鱼的概率，就像开车时在学校门口降低车速会减小撞到孩子的风险一样。

航运交通使沿海地区的氮氧化物增加了 50%。氮氧化物是烟雾的主要化学成分。船只减速可以减少燃料消耗，进而减少空气污染，使患哮喘等呼吸疾病的人呼吸得更加顺畅。减速也意味着船只会更加安静地通过鲸鱼的捕食区和休息区，减轻鲸鱼感受到的压力。这个简单的方案既能帮助人类又能帮助鲸鱼，可谓一举两得，是不可多得的方案。尽管繁忙的航运公司起初疑虑重重，但现在已经开始参与这个计划了，不过还有很多工作（比如航道外围的工作）尚待完成。

"做更多的研究、有更深入的理解当然是好的，但我们不能让这成为安于现状的借口。"约翰在讨论这个问题时说，"航道问题只是鲸鱼被撞击的一个因素。"

我们向西行驶，向最后一次接收到的卫星坐标方向奔去，徒劳地寻找那头带着天线朝下的追踪器的蓝鲸。浓雾弥漫，能见度不足 100 码（91.4 米），我们最终不得不掉头返回。"蓝鲸号"上的约翰和詹姆斯在发现 4 头蓝鲸的地方听到了追踪器发出的信号。约翰怀疑这片水域有更多的蓝鲸，但是浓雾让他们不得不停止进一步的搜寻。3 天后，他们在圣米格尔岛西北部找回了那个追踪器，那头蓝鲸可能在该地浮出过海面。这个吸盘式追踪器从蓝鲸身上脱落之前连续收集数据 103 个小时，创造了卡斯卡迪亚研究中心数据收集方面的新纪录。

在回去的途中，我们遇到了最后一头蓝鲸。简恩用无线电通知了驾驶室的特伦斯，特伦斯将双体船靠近蓝鲸，拍了最后几张身份照。这头雌鲸做了 4 次深呼吸，然后拱起背准备进行更长时间的下潜。我看着它不停地翻滚，露出粗短的背鳍，然后把它强有力的尾鳍抬出了海面。当它潜入海水深处时，我默默向它道谢。没想到我此行还能再一次与太平洋里的庞然大物亲密接触。

长吻原海豚（凯文·迪金森/摄 © istock.com）

座头鲸（保罗 · 沃尔夫 / 摄 © istock.com）

座头鲸的尾鳍（安德烈 · 古德科夫 / 摄 © istock.com）

蓝鲸（蔡斯·德克尔 / 摄 © shutterstock.com）

蓝鲸的尾鳍（利·卡尔韦 / 摄）

虎鲸（马克 · 凯利 / 摄）

柏氏中喙鲸（德龙·弗贝克/摄）

灰鲸（罗克怀尔 / 摄 © istock.com）

灰鲸的尾鳍（皮克·梅斯蒂克 / 摄 © istock.com）

伪虎鲸（德龙·弗贝克/摄）

团聚：斯普林格的漫漫回家路

虎鲸

（拉丁学名：*Orcinus orca*）

虎鲸是海豚科中体形最大的成员。它们和人类一样，根据种族、文化、外貌、体形、传统、语言、食物偏好、地域分布等分为很多种类。按照科学分类法，它们实际上属于同一个种，生活在世界各地的海洋中。然而，近年来，随着对虎鲸的研究越来越深入，生物学家在虎鲸的分类上出现了分歧。可能早在10万年前就已经分离的两个或多个群体现在有了定论：以哺乳动物为食的种类，被称为“杀手鲸”（名字源于早期巴斯克捕鲸者最先描述的“鲸鱼杀手”）；以鱼类为食的种类，常被称为“虎鲸”[①]。

①为避免叙述混乱，下文统称为“虎鲸”。——编者注

在巴塔哥尼亚，虎鲸会跟踪海狮幼崽，把它们从海滩上拖入水中。生活在挪威的虎鲸会捕食成群的鲱鱼。生活在新西兰的虎鲸会猎食黄貂鱼，还会吐出泡泡把躲在沙底的鳐鱼吓出来，再把鳐鱼翻个身，让鳐鱼背部朝下溺死，然后用这些鳐鱼做午餐，尽情享受一番。生活在南极洲的虎鲸已经学会了如何合作制造一个漫过冰山的波浪，将栖息在上面的海豹掀进海里。

《国家地理》(*National Geographic*)杂志在电视专题片《鲸鱼干掉了大白鲨》（*The Whale That Ate Jaws*）中讲述了一个有名的关于虎鲸的故事。1997 年 10 月，一些观鲸者目睹了有史以来第一次有记录的虎鲸攻击大白鲨事件。这件事发生在离旧金山 27 英里（43.5 千米）外的法拉隆群岛。当时，人们对虎鲸和大白鲨谁更厉害一直有争论：如果它们打起来，谁会赢？这两种动物是海洋中数一数二的食肉动物。来自洛杉矶虎鲸种群中的一头雌性虎鲸为这场争论画上了句号。在一次精心策划的攻击中，这头体长 16 英尺（4.9 米）的雌性虎鲸迅速把体长 11 英尺（3.4 米）的大白鲨掀了个仰面朝天。虎鲸紧紧咬住大白鲨不放，使大白鲨动弹不得，大白鲨进入了昏迷状态，最终溺死。这一事件对该地区上百头大白鲨极具威慑力——它们逃离了法拉隆群岛的觅食地，再也没有回来。

在太平洋西北部，有 3 个不同的虎鲸类群，它们有不同的文化，都在萨利希海生活、觅食，分别是：远洋鲸、过客鲸和居留鲸。远洋鲸是一种鲜为人知、体形稍小的食鱼虎鲸，有圆形的背鳍，喜欢生活在大型群体中，一般以 60 头以上为一个群体，生活在温哥华岛西海岸的深水中。过客鲸，也叫比格虎鲸，以迈克尔·比格（Michael Bigg）的名字命名。比格是首批研究野生虎鲸的人员之一，他开创了虎鲸种群个体识别法。比格虎鲸以哺乳动物为食。居留鲸是生活在萨利希海的虎鲸，生活在美国华盛顿州和加拿大不列颠哥伦比亚省的人对它们最熟悉。有两个居留鲸群似乎更喜欢吃奇努克鲑鱼（也叫王鲑），一个是南方居留鲸群的 J 群、K 群、L 群，另一个是北方居留鲸群的 3 个家族。

当北方居留鲸群在温哥华岛北部相对原始的水域觅食时，南方居留鲸群则穿梭于萨利希海，800 万人生活在其周围——北起加拿大不列颠哥伦比亚省的温哥华，南到美国华盛顿州的西雅图和塔科马——使它们成为所有鲸鱼中最城市化的鲸鱼。夏季时节，它们追逐着从太平洋回来的奇努克鲑鱼群，游过胡安·德富卡海峡，经过圣胡安群岛，到达加拿大不列颠哥伦比亚省的弗雷泽河繁衍。在过去 20 年左右的时间里，这些虎鲸学会了在秋天游到普吉特海湾中部和南部，跟随孵化场的鲑鱼回到它们被放养的河流。虎鲸是人们研究最多的、也是最受喜爱的鲸鱼，然而，它们的生存正面临威胁。

2001 年 6 月 16 日，“6 头 L 群虎鲸死亡”的消息占据了《基

萨普太阳报》（*Kitsap Sun*）的头版头条，标题下面是一张黑白照片，照片上，一头大型雄性虎鲸正跃出海面。在西雅图地区，人人都知道L群虎鲸是该地区的居留鲸。对我们这些住在普吉特海湾附近的人来说，这是个灾难性的消息，这些鲸鱼就算不是我们的家人，也算是我们的朋友。我拿起报纸继续往下读："虎鲸研究人员为失去6头普吉特海湾的L群虎鲸深表痛惜，它们显然是在冬季死去的。"我把第一行文字读了好几遍才看明白。我的大脑一片空白。

读完这篇文章后，我和虎鲸曾经一起度过的时光一幕幕涌上心头。我记得1997年10月下旬，来自L群的19头虎鲸因为追逐一群大马哈鱼进入华盛顿州锡尔弗代尔附近的戴斯湾。它们逗留了一个星期，把热情的观鲸者，也包括我，吸引到了小海湾的岸边。我每天都抽出时间，驱车45分钟，在岸边找个地方，用双筒望远镜观察虎鲸来回游动。我在圣胡安群岛的一艘观鲸船上做博物学家时就认识了它们。起初，我对虎鲸来到离我家这么近的一个小海湾感到兴奋不已。但是后来，小型私人船只被改装成了观鲸船，观鲸人数越来越多，人们对虎鲸造成的伤害又让我十分苦恼。在一个异常晴朗的日子，500艘小船和皮划艇包围了这群虎鲸，把它们困在了岸边。

三四周后，虎鲸开始显现饥饿迹象，它们头顶的喷气孔后

面浅浅地凹陷下去，形成了科学家所说的“花生头”——那是鲸脂层因缺乏脂肪而变薄形成的。为什么这群虎鲸在一个对自身健康有害的地方待了这么久？如果没有食物，它们为什么不游走？科学家们担心它们被什么东西困住了。

11 月中旬，一个下着雨的早晨，这群虎鲸游过华盛顿港的浅水区，向普吉特海湾和横跨该海湾的两座桥游去。这个早晨，桥上车辆非常少。

它们待在戴斯湾的时候，每天都会朝那两座桥游去——有时一天不止一次——但每次都会游回来。然而，在逃离的那天，它们三三两两结成一队，潜入深水中，从第一座桥下游了过去，只有年仅两岁的小内尔卡（L93）和它的妈妈奥费利娅（L27）没有游过去。它俩停了下来，其他虎鲸在桥的另一边等待它们。正当虎鲸群要放弃并再次返回时，奥费利娅的大儿子——17 岁的塞图斯（L62）转身游了回去，去找它的妈妈和妹妹。它们一家一起潜入水中，在桥的另一边重新浮出海面，朝着普吉特海湾开阔的水域游去。

事实证明，困住这群虎鲸的是驶过大桥的汽车产生的水下噪声。噪声形成的声音网让虎鲸产生了心理障碍，把这个家族中最年幼的成员吓蒙了，因此困住了它们。

将近 30 天，整个虎鲸群忍受着船只通行产生的噪声，冒着饿死的危险也不肯离开，因为它们不会让任何一个家人单独留在那里。如今，时隔不到 5 年，塞图斯就成了这份报纸所报道的新闻中失踪的虎鲸之一。

我想起了自己在圣胡安群岛的一艘观鲸船上做博物学家的最后那段日子。那时，我不再是一名科学家，但是我所做的这份博物学家的工作让我有机会再研究家乡的鲸鱼。2000 年 7 月的一天，我以博物学家的身份在一艘为奖励数名工作出色的律师而包租的观鲸船上工作。我在船上四处走动，与三五成群的人们交谈，给他们介绍有关鲸鱼的信息，回答他们提出的问题。我无意中听到他们的谈话，全都是关于工作和办公室政治的。没有人谈论身边的美景。

在我生命的这个阶段，我对身边的人缺乏耐心。从得知低频主动声呐会对鲸鱼造成危害开始，我就变得刻薄又武断，试图保护我那颗受伤的心。我认为所有事情非好即坏，非对即错。我不能容忍人们对政治或环境问题的肤浅看法。表面上，我彬彬有礼，有时还会侃侃而谈，但内心深处，我对人类导致的自然环境的破坏怒不可遏。那个海豚妈妈传递给我的信息，与其他逝去的记忆一起，被我遗忘了。

我对这些律师能够放下工作、尽情享受大自然的美妙不抱什么希望，我自己的消极情绪也让我显得格格不入。我离自己竭力保护的鲸鱼那么近，却感觉不到任何快乐。当时我没有意识到这些，自己给自己创造了一个狭小而封闭的世界。

我们看到远处有虎鲸，丹·维尔克（Dan Wilk）船长认出它们是 L 群的成员。追上它们后，我也认出了几头，能叫得出它们的名字。还没等我下楼通知游客，就看到四五头母鲸和幼鲸与一大群虎鲸分开了，转身直接向我们的船游来。这种行为极不寻常，所以我待在原地没动。没想到，它们竟然径直游到船边，与船同行，黑白相间的身体在碧绿的萨利希海水中清晰可见。一头母鲸侧翻着身体，黑色的轮廓因眼部的一块儿白斑和雪白的腹部而愈加突出。我屏住呼吸，看着这头重约 6 吨、长约 23 英尺（7.0 米）的虎鲸在水中游动。它那么大，大得不可思议。游客们从座位上跳起来，探过栏杆张望。另外一头母鲸像一只飞翔的小鸟般优雅从容，侧立着身子看着人们。我站在甲板上，用相机记录下了这次神奇的相遇。

我和这些虎鲸也算老相识了，竟从未见过这样的情形。以前，它们总是表现出“名人对狗仔队的不屑”。但眼前这两头母鲸对我们深感好奇，与我们对它们深感好奇一样。我试着站在鲸鱼的角度琢磨它们的想法。它们是不是在想，那些奇怪的生物在水上干什么？它们是不是在想，那些人头顶上承受了多大的压力？它们是不是在想,人类在没有水的环境中如何生存？船上人们的冷漠仿佛让虎鲸对我们产生了好奇——追逐者和被追逐者的角色颠倒了。

直到虎鲸游走后我才下楼，并立即发现了与虎鲸偶遇产生的神奇效果。一连串的问题向我抛来。

“你说过它们能活多少年来着？”

“冬天它们会去哪里？”

“它们体内的多氯联苯（PCBs）是怎么回事？”

我像一个被渴望知识的学生所打动的老师，兴奋地回答他们的每一个问题。我以前就见识过鲸鱼的魔力，不过，这一次特别的经历让我觉得尤其高兴，并对这群虎鲸深表感激。

“能把你拍的照片复制一份给我们吗？”在返回码头的途中，旅游团的小组长问我。因为这次偶遇，她的脸上一直神采飞扬。

“没问题。”我说。看到这些人从只顾谈生意的律师变成了鲸鱼爱好者，我由衷地高兴。我误会了他们，我本以为他们不会有任何改变。但我忘了鲸鱼有魔力，会让人们改变对大自然的看法。

几天后，看着洗出来的照片，我对相机捕捉到的瞬间感到惊讶。我抓拍到了那头雌性虎鲸热情的目光和好奇的眼神。但彼时彼刻，我错过了与虎鲸进行深层次交流的机会——直视虎鲸的眼睛，与它进行心灵上的对话。我没有意识到，黑暗正在我内心的某个角落滋生，使我与鲸鱼日渐生出隔阂，对它们的魔力视若无睹，我对船上的律师同样有错误的判断。

当我再次读到虎鲸失踪的新闻时，我在想，那天我们遇到的会不会是新闻中提到的虎鲸呢？

这些年来，我一直在关注虎鲸的数量，J、K、L群虎鲸数量急剧下降，从1995年的99头锐减到2018年的75头，如果算上著名的雌性虎鲸洛利塔，是76头。在写这本书的时候，洛利塔还活着，被关在美国迈阿密海洋馆，它已经在那里待了近50年。科学家指出，1965~1973年的“捕鲸时代”，几乎整整一代鲸鱼被迫与群体分离，人类把它们放在水族馆里展示，这很可能是导致虎鲸数量下降的一个因素。

这一切始于1965年，当时有一头虎鲸，后来被称作“纳穆”。那时候，人们对这些所谓的“杀手鲸”几乎一无所知。长期以来，渔民一直把虎鲸视为鲑鱼的天敌，经常捕杀它们。第二次世界大战期间，加拿大战斗机飞行员曾把成群的虎鲸当作训练中射杀的目标——一个下午就消灭了整个虎鲸家族。美国海军的潜水手册上用“穷凶极恶”形容虎鲸，声称它们会“抓住一切机会攻击人类”。纳穆被捕获时，我们依然对1910年布朗克斯动物园园长威廉·T. 霍纳迪（William T. Hornaday）说过的话深信不疑，他说：“这种动物有猪的胃口、狼的残忍和斗牛犬的胆量，还有最可怕的血盆大口。”因此，当西雅图水族馆的老板特德·格里芬（Ted Griffin）买下纳穆并把它拖到西雅图市公开展览时，人们都认为格里芬是个大英雄。

在加拿大不列颠哥伦比亚省一次捕鱼探险中，“赏金猎人号”渔船船长威廉·莱科比特（William Lechkobit）意外捕获了一头体形巨大的雄性虎鲸。1965年6月，特德·格里芬听说这件事后，马不停蹄地赶到了不列颠哥伦比亚省。他从小就梦想拥有一头鲸鱼。要想买下这头鲸鱼，格里芬必须拿出8000美元，并在掰手腕的比赛中击败船长。最终格里芬赢了，人类与这些大得惊人的哺乳动物之间的关系永远地改变了。

鲸鱼的运输成了一个大问题。此前从未有人运送过虎鲸，没有任何完善的方案可供参考。格里芬想到了一个对策，他把这头长22英尺（6.7米）的鲸鱼从关了两个多星期的勇士湾转移到了一个仓促建成的海上围栏里，并将这个围栏用船向南拖了400英里（643.7千米），拖到了西雅图码头。《西雅图时报》（*The Seattle Times*）认为此事有新闻价值，于是派记者斯坦顿·H. 帕蒂（Stanton H. Patty）做跟踪报道，每天写一篇关于纳穆事件进展的专栏文章。西雅图的流行音乐电台节目主持人鲍勃·哈德威克（Bob Hardwick）把自己的拖船进行改造后也跟着船队长途奔波。

1965年7月9日，帕蒂在他的第一篇报道中描述了纳穆在围栏内的行为。他写道："纳穆在宽40英尺（12.2米）、长60英尺（18.3米）的围栏里打滚玩耍，一根700英尺（213.4米）长的拖线把这个围栏拴在查马斯海湾一个围网渔船的后面。""大多数时候，纳穆在笼子的中部活动。偶尔，它也会懒懒散散地溜到笼子后部……也许有人会说，让它和朋友分离，告别自由的海洋生活，人们应该为此感到羞愧。真的是这样吗？它似乎很乐意去西雅图。"

7月13日，帕蒂在报道中说："纳穆的妻子和孩子已经在围栏附近待了两周多。现在，船队沿着海岸向南行进，它们正跟着围栏里的纳穆一起向南游。”在一篇题为《妈妈，爸爸为什么待在围栏里？》的文章里，帕蒂写道：“纳穆的家人今天仍然和它在一起。雌性大虎鲸和两头小虎鲸不停地在载着纳穆去西雅图的围栏旁边打滚，这样的场景让人感到温馨愉悦……”根据我们现在对虎鲸社会模式的了解，被称为纳穆妻子的那头雌鲸很可能是它的妈妈，而两头小虎鲸则是它的兄弟姐妹。在一张记录了浮窥的雌性虎鲸和打转的幼鲸的照片下面，图片的说明文字是这样的："纳穆忠实的家庭成员在它的浮动围栏旁嬉戏。"

在为期 19 天的远征行程的第 7 天，一头成年雄性虎鲸冲向围栏，好像是在鼓励纳穆逃走，它可能是纳穆的兄弟或叔叔。"纳穆尖叫、下潜、打滚、拍打、将头部抬出海面。它向钢制围栏和圆木架发起了 4 次猛烈冲击。"帕蒂写道。工作人员解释说，这是纳穆对一名闯入者试图抢走它妻子的反应，它表现出"狂乱、醋意十足的愤怒"。总之，纳穆的家人从不列颠哥伦比亚省跟随纳穆出发，从奎德拉岛到西摩海峡，游了将近 200 英里（321.9 千米），似乎一直等待它被释放。最终，它们消失了，再也没有出现。

远征队伍向南到西雅图的途中经历了两次风暴，围栏和其中一艘船被损坏。纳穆的情况也没好到哪里去，它食欲不振，背鳍被晒伤。然而，运送人员却一直向记者描述它"玩得很开心”。

7 月 28 日，美国海岸警卫队的船只将好奇的旁观者挡在海湾外，运送人员把载着纳穆的浮动围栏缓缓放在西雅图 56 号码头上。数百人站在岸边，等着迎接第一头被捕获的虎鲸。100 多个国家的报纸都报道了这件事。

纳穆到达西雅图后不久，格里芬就开始和这头野生虎鲸一起在水里嬉戏。格里芬把纳穆当作宠物，实现了他童年时代渴望骑在虎鲸背上的梦想。纳穆吸引了成千上万的游客，有些人在码头上观看，还有一些人大着胆子下水和它一起游泳。纳穆在西雅图的温顺表现让公众对“杀手鲸”的看法发生了很大转变。公众爱上了这种魅力非凡、黑白两色的鲸鱼，有人甚至开始关心纳穆的健康状况。它史诗般的海上之旅也让公共舆论的天平倾向了它，人们不再视虎鲸为危险的、可随意杀戮的动物，而是需要保护的心爱宠物。

不幸的是，纳穆并没有享受到这种保护。它在普吉特海湾生活了不到 1 年，就因被喂食死鲑鱼感染细菌而死亡。特德·格里芬继续从普吉特海湾捕获虎鲸，满足世界各地水族馆的订单，他卖给迈阿密海洋馆的洛利塔就是其中之一。

1965 年，格里芬被誉为“无畏的大英雄”，因为捕获鲸鱼而受到公众的奖励。时过境迁，今天，我们早已把南方居留鲸群视为亲密的朋友。它们个体的悲欢离合和人类的故事一起出现在晚间新闻中。纳穆是第一头被捕获的虎鲸，但不是最后一头。在捕鲸期，一共有 50 多头南方居留鲸被捕获、转卖，使得南方居留鲸的数量处于历史最低点，它们的基因库被极大削弱，亟待恢复。

2000 年 3 月，又有一头虎鲸死亡，这件事同样让人震惊，科学家们也因此找到了导致虎鲸死亡的初步证据。一头名叫埃弗里特（J18）的 23 岁虎鲸，在太平洋西北部水域，死于一种常见的大规模细菌感染，被冲上加拿大不列颠哥伦比亚省温哥华南部的海滩。它身体一侧有一个小伤口，凭它强壮而年轻的体魄，本来可以自愈，但后来这个小伤口溃烂成一个足球大小的疮口。它的身体里满是持久性生物累积性有毒污染物（PBT），导致身体免疫系统衰竭。

从 20 世纪 30 年代到 70 年代，一共有 209 种以多氯联苯为主要成分的新型工业润滑剂面世。多氯联苯多用作重型机械、电话线和变压器等的润滑、绝缘和隔热材料，用来制作颜料、油漆、复写纸。多年来，它们渗入地面，又通过地面径流和工业垃圾倾倒进入海洋，如同一个无声杀手，不受控制地蔓延到许多生态系统中。圣劳伦斯河地处底特律和安大略等制造业中心的下游，人们一度认为那里的白鲸是世界上受污染最严重的海洋哺乳动物，就算死后，它们的尸体也只能埋在有毒垃圾场。而如今南方居留鲸群的雄性虎鲸的毒素负荷大于 100ppm（毒性阈值是 17ppm），已经远远超过了白鲸的毒素负荷。

持久性生物累积性有毒污染物就是这样，经久不消。无论鲸鱼吃什么，毒素都会在它们的脂肪层中积累。随着时间的推移，毒素会在食物链中传递。雌性鲸鱼通过乳汁将毒素传递给它们的幼崽，减少了它们自身的毒素负荷。第一胎往往获得母体大约 50% 的毒素，造成的结果就是第一胎通常无法存活。实际上，过客鲸（或比格鲸）体内的毒素比其他鲸鱼体内的毒素更多，因为它们处于食物链的顶端——它们吃海豹、海狮，还吃其他鲸目动物，而这些鲸目动物又吃更小的有毒鱼类。但与居留鲸相比，过客鲸能更好地生存下来，因为海豹的种类比鲑鱼的种类更丰富。如果南方居留鲸的食物不那么贫乏，它们受食物链系统中毒素的影响也就没那么大。

截至 2004 年，各种负面因素接连不断出现——低频主动声呐、环境污染、栖息地的丧失、全球气候变化导致的海洋酸化等，更不用说还有战争和贫困——让我觉得世界一片灰暗。就算奇迹在我眼皮底下发生，我也看不到。我掉进了黑暗的深渊，甚至女儿埃莉的出生也无法把我拉出来。我现在要担心的事更多了——埃莉从我的母乳中吸到毒素了吗？她还有机会长大成人吗？

在我生命的这个阶段，我还没意识到绝望、担忧和恐惧会给我带来什么危害，但我知道虎鲸正面临毒素的侵害，而我的身体也遭受了一次病魔的摧残。

2004年10月13日，我正和女儿埃莉一起休息。和许多新手妈妈一样，我经常感到精疲力竭，晚上很晚才能睡，天天如此。

刚刚躺下没多久，我就感觉胃里有些难受。“躺着别动，宝贝。妈妈马上就回来。”我对埃莉说。胃里翻江倒海，我赶快跳下床冲向卫生间。刚抬脚走出几步我就吐了，幸好我随手抓到了一个垃圾桶。我马上就想到了埃莉。我生病了，谁来照顾她？我打电话请朋友莎伦来帮我——我丈夫回来之前一直是她帮我照顾埃莉。后来，莎伦告诉我，她发现我昏倒在客厅的地板上，但我什么都不记得了。

接下来的两周发生的很多事，我都不记得了。我不记得自己插了肺管，靠呼吸机把氧气泵入肺里维持生命；不记得我的血压降到了50毫米汞柱，护士给我输液后才恢复到80毫米汞柱；不记得我的肾功能衰竭，仅靠一台透析机维持生命；不记得我的心脏跳得异常快，好像连续跑了两天的马拉松；不记得我的肺功能正在衰竭；不记得医生说我只有5%以下存活的希望。我因感染乙型溶血性链球菌而导致中毒性休克，我身体的每一个系统都开始停摆，但我知道自己不能死。

我不记得自己因大量输液而全身浮肿，我的父母赶来看我却认不出我；不记得因为输液全身长满疱疹，疼痛难忍；不记得哥哥整夜整夜守在我床边，握着我的手告诉我不要放弃；不记得很多朋友来医院，以他们力所能及的方式给我帮助。我不知道谁在照顾埃莉，只是隐隐约约地觉得我有一个女儿。我昏迷了两个星期，期间，亲朋好友都来跟我道了别。

接下来的几个星期，有的朋友给我的家人送来食物，有的给埃莉带来母乳，让她用杯子喝。他们祈祷，希望我康复。他们在我床边挂了一个手机，里面有座头鲸、灰鲸和虎鲸妈妈带着幼鲸的照片。他们用我床边的 CD 机播放虎鲸的叫声、海豚的哨音、座头鲸的歌声、保罗·西蒙（Paul Simon）的《母子团聚》（*Mother and Child Reunion*）和约翰·列侬（John Lennon）的《想象》（*Imagine*），鼓励我挺过去。

就在我陷入昏迷的同一天，一艘破旧的油轮漏油了，造成普吉特海湾南部有史以来最严重的漏油事故，但是任何人都没在我面前谈及这件事。泄漏的油污染了那片水域，若不是 3 年前那个虎鲸群齐心协力救走了与母鲸失散的幼鲸斯普林格，就像我的朋友聚在一起帮助我一样，它也会在这里遭殃。

我记得，那是深冬的普吉特海湾。没有人注意到它。一头年幼的虎鲸出现在一片陌生的水域，它那黑色的背鳍露出了水面。它一直向南，游向金斯顿和埃德蒙兹。它游过班布里奇岛绿树成荫的海滨，游过高楼林立的西雅图，沿岸那些拔地而起参差不齐的摩天大楼仿佛层层叠叠的山峰。最后，它穿过西雅图西部，来到华盛顿瓦雄岛的东北端，直至雷尼尔山的山峰赫然显现在它眼前。它可能已经游了数周，也可能已经游了数月。它找不到方向，也无人相助。在普吉特海湾——我家附近的水域，这头年幼的虎鲸停了下来，把头探出海面，打量着四周。

一名舵手从渡船的驾驶室向外扫视了一下平静的海面。这里是方特勒罗伊渡船码头和瓦雄岛之间的水域，这一动作他已经重复做过千百遍。一片水雾引起了他的注意，接着他看到水中有一个黑影。原来是一头小鲸鱼。

渡船离鲸鱼更近了点儿，他看到了一头黑白相间的虎鲸，但当他放眼去搜寻其他虎鲸时，却什么也没发现。他见过成群的虎鲸，从没见过一头形单影只的幼鲸。为了分享这一非同寻常的发现，舵手打电话给他的生物学家朋友马克·西尔斯（Mark Sears），马克正利用闲暇时间在普吉特海湾的南部寻找海洋哺乳动物。

“乍一看，我有些不敢相信，以为它是福斯特——一头时不时来这片水域闲逛的伪虎鲸。”马克说，他指的是另外一头鲸鱼。

但他知道那个舵手是一个值得信赖的鲸鱼观察者，于是2002年1月14日，他在西雅图西部码头附近的停靠点上了船，准备一探究竟。下午2点30分，他给美国国家海洋渔业局打电话，说他在西雅图西部与瓦雄岛之间的水域看见了一头孤独的小虎鲸。斯普林格找到了。

找到这头孤独的小虎鲸后，首先要解开的谜团是，它是谁？来自哪里？它是怎么游到瓦雄岛附近水域的？虎鲸家族成员之间的关系十分亲密，这头小虎鲸却在独自流浪，这太令人费解了。

要回答这些问题，首先得给它拍一张身份照。每头虎鲸的背上都有一个独特的白色旋涡状斑纹，俗称“鞍斑”，位于背鳍后面。不同虎鲸的背鳍各不相同，它们背鳍后缘的刻痕也不相同。研究鲸鱼的生物学家通过拍摄虎鲸身体背部的照片，可以区分出每一个虎鲸个体。

这些照片都保存在虎鲸族谱的目录下。每头虎鲸在这个目录上的名字以字母和数字组合的形式出现，比如 L62 或 CA189，让人们能立刻识别虎鲸所属的群体及其在群体中的排序。随着时间的推移，科学家能通过这个目录，追溯这些野生虎鲸的生命史——出生、死亡、生命阶段、基本的行为和文化模式。位于加拿大不列颠哥伦比亚省温哥华市的温哥华水族馆和美国华盛顿州圣胡安群岛星期五港口的鲸鱼博物馆也给虎鲸起了名字，他们的“虎鲸收养”项目通过筹集资金资助科学家研究野生虎鲸。

马克初次见到斯普林格时，几乎看不到它的鞍斑，更不用说给它拍照了。“它全身灰色，皮肤状况很糟糕，鞍斑已经无法辨认。”他告诉我。皮疹可能是它的身体正在退化的第一个迹象。

科学家研究发现，2002 年 1 月斯普林格（A73）在普吉特海湾被发现时，大概只有 18 个月大。但它可能已经离开妈妈 6 个多月了，而且妈妈去世时，它很可能仍在哺乳期。小斯普林格突然断了奶，失去了妈妈的养育与呵护，漫无目的地四处游荡，形单影只，食不果腹。在此之前，它从未独自一人生活过，要么与妈妈相依相伴，要么有大家族里的其他虎鲸与它相伴。

虎鲸宝宝通常是虎鲸妈妈的缩微版，它们常常被妈妈护在身边，夹在妈妈的胸鳍和尾鳍之间。虎鲸宝宝呼吸时只把脑袋伸出海面，因而显得很笨拙；而大一点儿的虎鲸总是优雅地浮出海面，均匀地呼吸。

虎鲸的生命阶段与人类的大致相同。一头 18 个月大的虎鲸，如果没有妈妈或群体中其他成员的照顾，其生存状况只比同龄的幼儿稍强一点点。然而，小斯普林格竟然奇迹般地活了下来，它一定吃到了足够多的鱼，才保住了自己的性命。

当其他生物学家努力解开斯普林格的归属这一谜团时，马克却花了很长时间观察它。他观察了 120 个小时，最后认定斯普林格会捕食，而且比较健康。他远远地看着它，为这头幼鲸的智慧所折服。有一天，他发现斯普林格正在抓虹鳟鱼，它把虹鳟鱼抛向空中，随后在水中接住。还有一次，马克看到斯普林格拿着一根鳗草玩着虎鲸经常玩的游戏。它把绿色的鳗草顶在小鼻子上游来游去，就像成年虎鲸拖着海藻或者鲑鱼游来游去一样。

斯普林格还喜欢圆木。它常常在普吉特海湾碧绿的海水中滚着木头玩，用它的背部或腹部在圆木上蹭来蹭去，一次能玩3个小时。它最喜欢的是一根和棒球棍相似的光溜溜的树枝。一天，马克为观察斯普林格，停了船，船在海面上漂浮，斯普林格的木头正好在他的船下。“它抬头看着我，像是在说：‘嘿！你有点儿碍事！’”想起那次互动，马克不禁笑了。斯普林格又把腹部放在木头上，把自己小小的椭圆形的胸鳍挡在木头和船之间，然后甩甩尾鳍，继续滚木头玩。“我觉得它应该早日得到救助，它的生活百无聊赖。”马克难过地说。

虎鲸每天大约有15%的时间在玩耍嬉戏，它们浮窥、用尾鳍敲击水面、跃出海面、彼此追逐或与群体里的其他伙伴交流互动。这个嬉戏时间对加强群体成员之间的联系非常重要。虎鲸之间进行交流互动的另一种形式是休息，约占13%的时间。它们一次可能要花2~7小时以“休息线”的形式游动。它们会排成一排，胸鳍挨着胸鳍，最小的幼鲸挨着妈妈排在这条线的中心，一起潜入水下、浮出海面、尽情呼吸，就好像被同一个大脑指挥着。

剩下的时间，它们都用来捕食鲑鱼。根据美国华盛顿州圣胡安群岛鲸鱼研究中心的计算，一头成年居留鲸每天要吃18~25条30磅（13.6千克）左右的奇努克鲑鱼。算起来南方居留鲸群每天大约要吃1500条奇努克鲑鱼，一年就要吃50多万条。南方居留鲸群的个体数量要想达到140头——这是它们的最佳群体规模——它们每年要消耗 100 多万条奇努克鲑鱼。科学家们从收集的鲸鱼粪便残留物中发现，这些鲸鱼也吃其他种类的鲑鱼，如鳕鱼、赤魟、鳐鱼等，但它们似乎更喜欢大个头的奇努克鲑鱼。虎鲸通常以家族为单位进行捕食，它们在自己生活的水域分散开来，靠高声呼唤保持密切联系。虎鲸要和家族成员一起生活才能存活下来。紧密的家族关系使它们不会独自流浪，但此时斯普林格却无依无靠。

随着时间的流逝，找到这头小虎鲸的家族变得越来越重要，那么怎么做才能给予它们最好的帮助呢？斯普林格的人类朋友现在需要承担扶养这个“孤儿”的义务，是采取行动拯救它呢，还是袖手旁观，让它自生自灭？

就在普吉特海湾的科学家们对如何帮助斯普林格倍感迷茫时，加拿大不列颠哥伦比亚省的鲸鱼研究人员碰巧也遇到了类似的问题。人们在温哥华岛西北海岸的努特卡湾发现了第二头孤单的虎鲸幼崽。研究人员认出了这头孤单的小虎鲸，它叫卢纳（L98），是南方居留鲸群的一员。当鲸鱼研究中心的创始人兼首席研究员肯·鲍尔科姆（Ken Balcomb）听说普吉特海湾南部神秘小虎鲸的故事后，对帮助卢纳找到回家的路充满信心。但是斯普林格没有卢纳那么幸运，生物学家没能进一步确认这头孤单的小虎鲸的家族信息。

声学专家乔·奥尔森（Joe Olson）获得了斯普林格独特的声学样本：它的尖叫声、脉冲呼叫声和哨音，这是解开这头幼鲸身世之谜的关键所在。乔时任美国鲸类协会普吉特海湾分会主席。虎鲸语调研究人员听了他提供的声学样本后，发现这头迷失的小虎鲸属于加拿大不列颠哥伦比亚省的北方居留鲸群。就像来自不同国家、拥有独特语言的人类一样，南方居留鲸和北方居留鲸这两个虎鲸群体有不同的发音习惯。斯普林格独特的叫声表明，这头幼鲸已经离家 300 英里（482.8 千米）以外了。

每个居留鲸群都分成几个氏族，每个氏族有一种方言或一套通用的呼叫方式，包括 7~17 个虎鲸“词汇”。每个氏族进一步分成不同的社群，社群中的成员大部分时间一起活动。这些社群都是母系制，也就是说，一头雌鲸和它的孩子们，以及它女儿的孩子们通常生活在一起，多达 4 代。有的社群中有 100 岁以上的雌鲸。

一个母系社群通常有四五种偏爱的叫声，是这个群体最熟悉、最常用的声音。幼鲸从妈妈那里学习这些叫声，然后传给后代，以此代代相传，将家族的声学传统延续下去。虎鲸的日常生活由女族长（即年龄最大的雌鲸）组织，她会为这个家族做各种决定，因为它有丰富的经验。

北方居留鲸群分为 3 个氏族：A、G、R 氏族，一共有 250 头虎鲸，分布在 16 个社群里。南方居留鲸群要小得多，只有一个氏族，分为 J、K、L 群。这种社会结构是虎鲸研究专家们通过多年的观察总结出来的。

多年来，虎鲸研究专家一直认为，一个虎鲸社群里的所有雄鲸都与这个社群里的雌鲸有某种血缘关系，比如母子关系、兄妹关系、姐弟关系。虎鲸的交配体系目前仍然是一个未解之谜。有一种理论认为，没有血缘关系的雄鲸和雌鲸在不同的鲸群相遇时走到了一起，是否联姻由语言决定。如果一头雌鲸遇到一头与它几乎不使用共同词汇的雄鲸，它就可以判断它们之间没有血缘关系，可以安全交配。这一理论似乎适用于大部分居留鲸群，但也有一些例外，尤其是群体较小的南方居留鲸群。

2015 年，首个虎鲸基因组测序完成，为研究虎鲸打开了一扇大门，我们得到许多关于虎鲸生活的有趣发现。美国西雅图西北渔业科学中心的保护生物学主任迈克・福特（Mike Ford）做了一项研究，以确定南方居留鲸群的父系关系——这是最大的谜团之一，事关这个群体的生死。他用活检镖从鲸鱼背部取下一小块皮肤作为样本，然后对皮肤样本中抽取的 30 亿个碱基对进行排序，找到了用以确定父系关系的 90 个碱基对。

他的研究结论让人对南方居留鲸群的现状非常担忧。这个氏族中 85% 的鲸鱼来自两位父亲：一位父亲是拉夫斯（J1），它于 2010 年去世，去世时大约 60 岁，是南方居留鲸群中年龄最大的雄鲸。因为它经常和老祖母格兰妮（J2）在一起，研究人员一直认为它是老祖母格兰妮的儿子。另一位父亲是这个群体中体形最大的雄鲸梅加（L41）。但后来的研究发现，拉夫斯不是老祖母格兰妮的儿子，而是格兰妮和J虎鲸群其他雌鲸的长期伴侣，这种关系我们以前在虎鲸群里从未见过。南方居留鲸的这种交配模式看起来与狮子的交配模式更为接近——许多雌性和一只雄性交配，而不是跨群体交配。这样的交配模式，加上较低的遗传多样性，让南方居留鲸群面临近亲繁殖的危险。20世纪60~70年代，一共有45头虎鲸被捕获，人们将它们圈养在海洋世界和迈阿密海洋馆等地，一度强大的南方居留鲸群的遗传多样性变弱了。

如果一个种群带有某种遗传病基因，近亲繁殖就会是个大问题。当这个种群有健康的基因多样性时，致病基因可能不会引发什么疾病。一头鲸鱼从父亲或母亲一方遗传一个致病基因，从另一方遗传一个健康基因，从而减少了发病的机会。在遗传多样性较低的近亲繁殖的群体中，幼鲸可能会获得分别来自父母的两个致病基因，提高了遗传病出现的概率。我们需要耐心等待并观察接下来的四五代，才能知道近亲繁殖如何影响这个虎鲸种群。

2018年4月，迈克·福特发表了最终的研究结果。结果显示，在南方居留鲸群内，近亲繁殖已持续了近30年。从2015年至写这本书的时候，没有南方居留鲸出生、存活的新记录，这可能正是近亲繁殖的后果。对许多人来说，听到这个消息就像得知一位十分亲近的人到了癌症晚期，你想问的第一个问题是：

他们还有多长时间？没有人知道答案。

声学专家通过斯普林格独特的声音判断，这头发现于普吉特海湾的小虎鲸属于北方居留鲸群的 A 氏族。然而，科学家还需要知道它是谁，来自哪个社群。乔·奥尔森希望找到答案，于是他把斯普林格的声音样本送到了加拿大不列颠哥伦比亚省汉森岛专门研究北方居留鲸群的虎鲸研究室。这里的声学研究员海伦娜·西蒙兹（Helena Symonds）听了 40 年的虎鲸声音。听了这个声音样本后，她告诉记者："它让我想起了什么。"海伦娜从成千上万份虎鲸的声音记录中找到了一份 1988 年录下的虎鲸叫声。那是萨特莱杰（A45）14 年前的声音，当时它只有 5 岁。萨特莱杰的叫声和发现于普吉特海湾的这头小虎鲸的叫声完全匹配。

2002 年 2 月 2 日，虎鲸保护协会的弗雷德·费勒曼（Fred Felleman）为这头小虎鲸拍下了一张清晰可用的身份照，事实得到了验证。这些声音，仿佛发自海底最深处的召唤，让萨特莱杰与它的女儿斯普林格跨越时空彼此"相认"。

时间回到 2001 年夏天，当 A4 虎鲸社群追着鲑鱼回到约翰斯顿海峡时，萨特莱杰和斯普林格失踪了。一旦母鲸消失，幼鲸没有家人相助会很难存活，尤其像斯普林格这样刚刚一岁的幼鲸。鲸鱼研究人员推测，这对母女不幸罹难。他们认为，可能有人为“偷”鲸鱼而射杀了萨特莱杰。它也可能死于大规模细菌感染，因为它的免疫系统被体内有毒的化学物质破坏了，这种情况经常出现。我们永远不知道斯普林格的妈妈到底发生了什么事。鲸鱼在海洋中死亡的现象屡见不鲜。萨特莱杰和斯普林格是如何与群体分开的，我们无从知晓，但斯普林格可能和它死去的妈妈待了一段时间后，最终发现自己成了一个无依无靠的孤儿。

我们也不知道为什么斯普林格在普吉特海湾逗留期间选择了瓦雄岛附近的这个地方。也许，正如一些科学家推测的，它找到了捕获虹鳟鱼的最佳地点——它知道这里容易捕到鱼，不会挨饿。但是我认为，它选择这里是为了远离孤独。因为正是在这里，这头和亲人失散而漂泊异乡的小虎鲸第一次学会了交朋友。正是在这里，这头虎鲸孤儿认识了人类以及他们的船只。

冬天来了，西雅图的天空越来越灰暗，斯普林格从孤儿变成了名人。每天，成千上万的乘客在华盛顿州立渡轮看着它独自穿梭于瓦雄岛和西雅图西部之间，追着它的替身妈妈“常青号渡轮”。2002 年 2 月底，由美国国家海洋渔业局召集的科学家们一致认为，斯普林格的状况“很糟糕，而且还在恶化”，如果没有妈妈或鲸群的照顾，它长期存活下去的概率很小。温哥华水族馆的一名兽医注意到，它呼吸时会散发一种奇怪的气味，像油漆稀释剂，这是典型的“酮病”（也称醋酮血症）。这表明它吃不到足够的鱼，很快就要饿死了。人们开始担心它的状况，斯普林格的困境成了晚间头条新闻。显然，人们得做点儿什么了。

2002 年 3 月初，美国国家海洋渔业局一反常态，呼吁召开一次公开会议讨论斯普林格的事。美国国家海洋渔业局知道，虽然将斯普林格圈养起来这个方案简单易行，但是会令公众反感，因为人们对这头小虎鲸越来越有感情，也越来越重视野生鲸鱼。最近，美国国家海洋渔业局收到了大量电子邮件，内容都是公众对圈养斯普林格的看法，大多数人都持反对意见。

会议由当地的一个环保机构组织，这个机构致力于清除有毒污染物。大约 100 人参加了这次公开会议，他们毫不含糊地表达了“不能圈养虎鲸”这个观点。“如果我们任由事态发展，看着它死去，那将是令人心碎的事。但我们宁愿承受这种心碎，也不愿看到它在一个混凝土池子里孤独终老。”当时的虎鲸联盟主席唐娜·桑德斯特罗姆（Donna Sandstrom）说。华盛顿州前州务卿拉尔夫·芒罗（Ralph Munro）是 20 世纪 70 年代华盛顿州力主结束猎捕虎鲸的一名积极分子。他声称，如果美国国家海洋渔业局执意要将斯普林格圈养起来，他将提起诉讼。

美国国家海洋渔业局知道该怎么做了——公众无法容忍再将一头鲸鱼囚禁起来。随后，美国国家海洋渔业局西雅图办公室的官员不顾华盛顿总部的命令，宣布他们将努力让斯普林格回到北方居留鲸群。

他们的计划分为 3 步：首先，将斯普林格放进一个临时的围栏，评估一下它的健康状况，如果有疾病，尽量治疗；其次，将它运到约翰斯顿海峡以北 300 英里（482.8 千米）的水域，那里是它的家乡；最后，将它放回它的野生虎鲸群，也许鲸群会接纳它。这个计划看似简单，实施起来却困难重重。

让斯普林格回到自己的家乡和家族这件事变得异常困难的地方在于，它需要克服所有来自人类的障碍——那些长久以来形成的习惯、固化的模式、心中的想法和不满。斯普林格的回归显得十分重要，如果成功，将成为一个先例。这意味着人类能够为了处理最重要的事情而学会合作。然而，该计划能否奏效还有待观察。

美国国家海洋渔业局申请了两笔 10 万美元的约翰 · H. 普雷斯科特海洋哺乳动物救援赠款，前提是该机构能够筹集赠款的⅓的配套资金，也就是 6.7 万美元。一直密切关注小虎鲸的环保组织团结起来，为斯普林格的回归而努力。他们与美国国家海洋渔业局一起成立了“孤儿虎鲸基金会”，筹集需要的资金，条件是这些资金不能用于圈养斯普林格。但是没人知道，如果这头虎鲸回归野生家庭的计划失败，接下来它该何去何从。然而，人们必须先把这些担忧放在一边，相信美国国家海洋渔业局会信守诺言，把斯普林格送回它的家乡。

短短几周，孤儿虎鲸基金会就筹集到了 6.7 万美元的配套资金，加上 20 万美元的约翰·H. 普雷斯科特海洋哺乳动物救援赠款，共计 26.7 万美元，还有一些捐赠的设备，比如将斯普林格从水中吊起来并将其运送到临时围栏的吊车以及尼克尔斯兄弟造船厂捐赠的高速双体船。

万事俱备，只欠东风。

斯普林格的归家之旅尚无定数，我自己能否康复也未可知。我在自己 38 岁生日的前两天从昏迷中醒来，但还是迷迷糊糊、思维混乱。接下来的几天，我的家人、朋友以及弗吉尼亚梅森医疗中心的医护人员慢慢把我陷入昏迷后发生的事讲给我听。康复之路艰辛而漫长，好在有这么多人对我不离不弃。

起初，我一句话也说不出来，因为我的气管连着呼吸机。甚至连抬手指一指这样简单的动作我都做不了。我一动不动地躺了两个星期，肌肉已经萎缩。不管有什么问题我都必须等拔掉呼吸机并彻底摆脱它之后才能解决。要想说话，我必须学会自主呼吸，并通过连续 2 小时的呼吸测试。具有讽刺意味的是，我现在正有意识地训练自己呼吸，像过去 10 年我所研究的鲸鱼和海豚一样——因为在水下，它们必须有意识地呼吸。我看着挂在床边的手机，想象着自己和鲸鱼一起游动，试着像它们一样呼吸。

我要过的另一道坎是我的肾脏。陷入昏迷后，我的肾脏功能几近衰竭，一直靠透析维持生命。我醒来后，血液测试显示我的肾脏功能仍然没有恢复，需要继续透析：每两天 1 次，每次 4 小时，持续两周。慢慢地，我血液的各项指标开始达标。不过，医生们做了两手准备。他们说，我要么后半生就靠透析维持生命，要么接受肾移植手术。

日子一天天过去，我的肾脏开始有好转的迹象，治疗间隔越来越长。大约 1 个月后，我彻底不需要透析了。“这样的事以前几乎没发生过。”我的主治医生说，因为他的大多数病人一旦开始透析就不能停止。我生病时创造了很多奇迹，肾脏功能的恢复就是其中之一。

肌力的恢复是出院前的最后一道难关。刚开始做康复锻炼时，我在自己的房间里练习坐和站。每次当我试图起床时，都觉得自己的身体有千斤重。有时候，从轮椅到床上，我得尝试两三次才能成功。身体如此虚弱，我无法面对这个事实。

最让我难以接受的是，我在昏迷期间身体竟然恶化得那么快。生病前，我的身体相当好。两个月前，我还爬了山，胸前的婴儿背带背着重 15 磅（6.8 千克）的埃莉，背上背着重 25 磅（11.3 千克）的背包。而现在，我却寸步难行。在医院住了一个月后，我第一次试着坐起来，只能坐 5 分钟。我努力看着前方，就像对抗晕船一样。我一天练习 4 次，每次坚持 45 分钟，这已经让我精疲力竭。起初，我坐在轮椅上，由别人推着我去康复训练室。后来，我可以自己沿着大厅走到康复训练室。

我在一个周二出院了，离埃莉的第一个圣诞节还有两周半。回到家，我感到无比幸福。我见到了我的埃莉，她正扶着沙发、椅子和咖啡桌蹒跚学步。当她大胆地、试探性地迈出第一步时，我被她的勇气深深打动了。在很多方面，我和埃莉一样。我毫无食欲,却不得不强迫自己进食,而此时埃莉也在尝试新的食物。我站不稳、走不稳，她也站不稳、走不稳。一开始，我们踌躇不前，之后试着向对方迈出了第一步。我们知道对方是我们的家人，我们终究要回到家人的怀抱，就像斯普林格终究要回归它的家族一样。

也许西雅图是斯普林格着陆的最佳地点，这里曾是世界上第一头被圈养的虎鲸纳穆着陆的地方。让斯普林格回归故乡，给了人类一个机会——或者也可能是一个礼物——去纠正从前的错误。

2002 年 6 月 2 日，杰夫·福斯特（Jeff Foster）带领救援斯普林格的团队动身了。杰夫曾帮助在电影《威鲸闯天关》（*Free Willy*）中出名的威利回到了冰岛的家。几个星期以来，他一直与斯普林格互动，努力让这头孤独的小虎鲸接受并适应在尾鳍上拴一根软绳，这根软绳将带着它游过普吉特海湾。到了捕捉它的那一天，计划进行得很顺利。潜水员跳进水中，引导它游到备好的担架上，期间它只是稍微挣扎了一下。一辆吊车把它从水中吊起来，放在一块柔软的大泡沫板上，再把它运送到临时的围栏里，以便对它进行身体评估和治疗。这一步很重要，因为如果它患有任何传染病或遗传病，加拿大渔业和海洋部（DFO）就不会让它返回。没人知道如果这个计划失败，这头孤儿虎鲸接下来该怎么办。在将它运送到围栏的过程中，兽医采集了它的尿样，又从它的尾鳍上采集了血样。

体检显示斯普林格有肠道寄生虫病和皮肤病，好在这两种疾病都可以治愈。斯普林格的体重只有 1240 磅（562.5 千克），远远轻于两岁的虎鲸本该有的体重。在临时围栏里的几周，斯普林格的体重增加了 150 磅（68.0 千克）。它每天都吃用抗生素处理过的野生鲑鱼。这些鲑鱼通过一根长长的白色聚氯乙烯管投放给它，这样它就不会把食物和人联系起来，人类与它的接触被控制在最低限度。很快，它就恢复了健康，为漫长的北方之行做好了准备。没有什么能阻止它回归大海了。

7 月 13 日，它被安置在“卡特莉娜捷特号”的浅水池里。这是一艘长 144 英尺（43.9 米）的双体船，其航行速度可达每小时 40 英里（64.4 千米）。这次行程花了 11 个小时，运送斯普林格的团队只在沿途的小镇稍做停留，找冰给它降温。镇上的人们在码头排成长队，把一袋袋冰块传递给运送团队，以免耽误行程。那天晚上，运送团队将斯普林格放入汉森岛附近东冲湾一个备好的围栏里，它将在那里等待它的家人，重获自由。约翰斯顿海峡附近的纳姆吉斯原住民部落为这头小虎鲸提供了新捕获的野生鲑鱼，为它接风洗尘。

全世界似乎都在关注斯普林格，全球各地都在跟踪报道这件事，包括英国广播公司（BBC）、《爱尔兰观察者报》（*Irish Examiner*）、《新西兰先驱报》（*New Zealand Herald*）和瑞士国际广播电台（Swiss Radio International），甚至还有伊朗的《德黑兰时报》（*Tehran Times*）。但是没人知道这件备受瞩目的事结果会怎样。作为一个旁观者，我每天通过新闻关注这头虎鲸回归群体的每一步进展。我有一种预感，斯普林格会回到它的群体中。我知道，居留鲸成员间的家庭纽带是动物世界中最强的。在我内心深处，我认为，它的家庭成员能认出它、接纳它。但有时候，我又不免有些担心，如果它不能摆脱对船只的依赖怎么办？如果政府机构不配合怎么办？

如果斯普林格融入不了它的群体，它只有两个选择。第一种是继续待在约翰斯顿海峡，独来独往，和人类打交道。就像威利——第一头被囚禁多年后又被放归大海的鲸鱼，一直没有找到它所属的群体，只能把人类当作唯一的同伴，一起生活。但是随着斯普林格日渐长大，它越来越渴望得到关注，它很可能因为离快速旋转的螺旋桨太近而给自己带来危险。孤儿虎鲸卢纳就是因为在努特卡湾离螺旋桨太近而丢了性命。斯普林格也可能引发事故，伤害与它互动的人。对一头虎鲸来说，掀翻一艘小船不费吹灰之力。第二种选择，也是最糟糕的选择，它的余生只能在一个水泥池里度过，它发出的声音会从坚硬的水泥墙上反弹回来。

不过，在斯普林格乘坐双体船行驶了 11 小时后，救援人员把它放进了东冲湾的围栏里，陪伴它的不再只有自己的叫声。斯普林格发出了呼唤，它那独特的声音听起来无限绝望，然而它得到了回应。6 个多月来它第一次听到了来自大海的呼唤，就像海难中唯一的幸存者听到救援飞机的轰鸣声一样，这头年幼的虎鲸听到熟悉的声音时，内心一定无比喜悦和欣慰。即使是没有受过训练的人也能从斯普林格的呼唤声中听出这种兴奋。

第二天，也就是 2002 年 7 月 14 日，全世界成千上万的人，也包括我，紧张地等待着斯普林格的最终放归，只是这一刻来得比预期更早一些。斯普林格的家人，包括它的姑婆雅卡特（A11）和雅卡特的女儿斯卡吉特（A35）以及 12 岁的纳维蒂（A56），它们听到了斯普林格兴奋的呼唤声并做出了回应，当天夜里它们一直绕着汉森岛游来游去。现在，它们和斯普林格的远房表亲 A12 虎鲸群和 A35 虎鲸群，在海湾口排着队默默等候着。31 岁的大块头雄鲸尼姆普什（A33）游到靠近围栏的位置，在其他虎鲸的前面等着。

虎鲸研究室的海伦娜·西蒙兹和她的女儿安娜站在悬崖上眺望着海湾，此时渔网正被拉起，准备将斯普林格放归大海。看到那些虎鲸都等待着，科学家们有些犹豫。对讲机里传来声音:

“放还是不放？”

眼看着那群虎鲸就要离开了。“它们要错过这一刻了！”安娜喊道。好在它们没有错过。载着斯普林格的围栏被拖上来了，它就在门口。

“撤下渔网。”加拿大渔业和海洋部的首席科学家约翰·福特（John Ford）说。斯普林格吞下了它在围栏里最后叼在嘴里的鱼。它使劲摆了3次尾鳍，整个身子一挣，离开人类的怀抱，径直游向等待它的家人。

救援队里发出一阵欢呼。“去吧，孩子，去吧！”一位科学家站在空空如也的围栏边喊道。

救援人员都松了一口气，大家纷纷击掌庆祝。

这时，斯普林格却停了下来，好像突然有些近乡情怯了。它的家人在东冲湾外静静地等待着，斯普林格却玩起了海藻。它左弯右绕慢慢地游向海湾入口处，在一根木头上蹭来蹭去，结果两个无线电追踪器被蹭掉了一个。它在干什么？大家翘首以待的家庭团聚无法实现了吗？那些等待它的虎鲸游走了。它们没有带上斯普林格，而是顺着潮水向东边的约翰斯顿海峡游去了。

虽然现在斯普林格回到了它家乡的水域，但没人知道它能否被它的族群接纳。斯普林格与它的家人朝着相反的方向各自游走了。它回了两次头，好像在考虑是否应该跟随它们，最终它还是继续沿着自己的路线穿过了黑鲸湾那片平静的水域。它独自度过了第一天，沿着汉森岛一直向西游。

加拿大渔业和海洋部的约翰·福特和格雷姆·埃利斯一直在“斯夸米什号”上跟着它。他们的任务就是监控斯普林格，一旦它在这里依恋上了什么船只——就像它在普吉特海湾时那样——他们得对它施以援手。让人哭笑不得的是，“斯夸米什号”反而引起了斯普林格的注意。它开始跟随“斯夸米什号”。看出这头小虎鲸的意图后，约翰和格雷姆将计就计，先绕过汉森岛的最西端，穿过韦恩顿海峡，向东驶向约翰斯顿海峡——斯普林格族群的所在地，然后开走，把斯普林格留在了一个与家人团聚的绝佳的地方。

天色将晚，斯普林格仍然形单影只。驻扎在克拉克罗夫特岬附近的虎鲸研究室的保罗·斯庞（Paul Spong）和海伦娜·西蒙兹通过水听器听到了它发出的呼唤。很快，他们听到两个虎鲸群对斯普林格的呼唤做出了回应，然而它仍然没有向它们游去。夜幕降临时，“斯夸米什号”传来了消息：斯普林格朝救援队护送它来时的方向游去，它再次远离了它的族群。

过了 1 个月，也就是 2002 年 8 月，我拜访了虎鲸研究室。第一位通过声音识别出斯普林格的声学研究员海伦娜·西蒙兹给我讲述了更多关于这头孤儿虎鲸的故事：它的放归以及它在自己家乡的第一天发生的一切。“扣人心弦，又让人百感交集。”

海伦娜说。

几年前，在毛伊岛上召开的关于鲸鱼生存现状的会议上，我认识了海伦娜和她的丈夫保罗，他们的工作就是默默地倾听虎鲸的声音，我对此一直深表钦佩。我喜欢海伦娜，她和我一样深爱着鲸鱼，我觉得我们之间有一种心灵上的默契。我们坐在她家圆形的客厅里，阳光透过高大的玻璃窗照进来，放眼望去，布莱克尼海角和约翰斯顿海峡正好在克拉克罗夫特岬处汇合。这里是观察虎鲸群从黑鲸湾游过的最佳位置。

从播放的CD中，我听到了斯普林格在它家乡水域的围栏里发出的第一声兴奋的呼唤声。虎鲸研究室附近有一台甚高频收音机，海伦娜可以用它监控鲸鱼的踪迹。海伦娜和保罗一起见证了斯普林格的回归。咖啡桌上有一张摊开的汉森岛的海图，说起斯普林格的回归，我们都低头看了看那张海图。

“大家都看得出它犹豫不决，”海伦娜说，“斯普林格离开围栏后却停滞不前。它十分谨慎，过了很久才离开海湾入口处的岩石。”她指着海图上斯普林格徘徊的地方，不由地笑了。当时斯普林格在东冲湾尽头转头向西游去，大家都认定斯普林格与家族的团聚将是一个漫长的过程。

第二天，斯普林格开始了作为一头野生鲸鱼全新的一天，那是它生命中的一个转折点。“它的家人来了，在那儿举行了一场盛大的舞会，”海伦娜说，“一直持续了好几个小时，斯普林格没有发声，其他鲸鱼也都默不作声，这简直太神奇了。”

放归斯普林格时出现的 A12 和 A35 虎鲸群游到了一起，数量庞大，但紧密有序。斯普林格在黑鲸湾的一边，它们在黑鲸湾的另一边。斯普林格独自一队，两个族群组成了另一队，在海湾入口处不动声色地来回游动，仿佛是在互相打量。也许它的家人在商量斯普林格的去留问题。该不该让它回归鲸群呢？也许它们想弄清斯普林格的底细，弄清它是谁、去过哪里。它们到底在想什么，我们无从得知。不过这一次，它们开始向斯普林格示好了。

有好几艘船一直在追踪斯普林格事件的进展，亚历山德拉·莫顿（Alexandra Morton）的船是其中之一。莫顿是当地的一名鲸鱼研究者，也是《倾听鲸鱼》(*Listening to Whales*)的作者，她研究鲸鱼很久了。在虎鲸举行大型舞会期间，斯普林格靠近了莫顿的船只，那是它无依无靠时养成的一种习惯，以前也经常这样。然而，这一次，61 岁的虎鲸女族长希米特（A12）靠近斯普林格，提醒它这不是野生鲸鱼应有的行为。斯普林格很可能被族长的斥责吓了一跳，转身向相反的方向游去，独自待着。它还不太习惯听人安排、受人指点。

当天下午，潮水快要淹没黑鲸湾时，虎鲸群慢慢向东游去，那是它们去往约翰斯顿海峡的惯常路线，但它们的行为十分反常。两个虎鲸群的队形依然紧密，但浮窥、抬头的次数比平时多很多，互相碰撞、摩擦等身体接触的次数也有些不同寻常。它们是对斯普林格的归来感到兴奋，还是对它的出现感到困惑？

不管它们怎么想，斯普林格最终还是转身了。它远远地跟在虎鲸队伍后面，装作随波逐流的样子。

海伦娜在鲸鱼行为的研究方面有一套自己的理论，她说：“很多时候，鲸鱼相遇时都不作声。它们在水中能感受到彼此，来了就来了，走了就走了。它们的规则可能是跟随族群。也许斯普林格不知道它是否应该跟随族群。也许族群成员想看看斯普林格会做出怎样的决定，它们可能以为斯普林格会跟随族群。它们可能一直在考验它，但没有抛弃它。”

它们从黑鲸湾慢慢游过布莱克尼海峡，经过虎鲸研究室所在地，进入约翰斯顿海峡。斯普林格一直跟在它们身后不远处，这一天似乎让它筋疲力尽，它需要小憩一会儿。在布莱克尼海峡的尽头，它正好游到了一艘大拖船旁。与船只互动的机会又来了，但是这次它并没这么做，它似乎从恍惚中清醒了过来，发出了叫声。这一次，鲸群回应时，它做了一个不同的选择，奔向了它们的怀抱。它重新开启了一头野生鲸鱼的生活。

我想象着斯普林格融入族群前一刻的场景，它远远地跟在那群虎鲸的后面，听着它们窃窃私语，渴望加入其中，又担心自己过于莽撞。我能想象得出，孤苦伶仃的它在黑鲸湾时，心中如何思念去世的妈妈，如何害怕孤独地在这个世界上生活，这促使它回归族群寻求呵护。但是，它靠自己活了下来。它历经千辛万苦向南游了 300 英里（482.8 千米），又捕食了足够的鱼填饱肚子，还跟人类结下了深厚的情谊。到底该何去何从呢？

当大拖船从它左侧经过时，那种只有依恋人类才能缓解的孤独感消失了。前面不远处就是野生虎鲸族群，它们才是它的同类，它可以和它们倾诉、跟它们玩耍，而它们会照顾它、接纳它。它渴望成为它们中的一员，再不能错失良机了。它克服了内心的恐惧，终于发出了深情的呼唤。

斯普林格做出这个决定时，它的家人正向罗布森湾生态保护区进发，那是北方居留鲸的圣地。当天，这群虎鲸游到岸边四五次，在光滑的卵石上摩擦脊背和肚皮，用胸鳍和尾鳍拍打水面。虎鲸只有在这里才会做这些动作，这是动物世界中的一种“文化”。

当天下午，斯普林格和其他虎鲸一起在罗布森湾的海滩上摩擦自己的身体，这是它数月来第一次和其他虎鲸互动。它们花了大约 10 分钟在远处的海滩上“按摩”身体。虎鲸研究室的工作人员录下了高亢的呼唤声和来自浅水处回声定位的咔哒声。斯普林格和一头叫埃科（A55）的雄性虎鲸交了朋友，埃科是女族长希米特的孙子，希米特就是那天阻止斯普林格跟拖船互动的老祖母。追踪斯普林格的研究人员欢欣鼓舞。看样子，斯普林格的家人接纳了它。

海滩上的社交活动结束了，虎鲸回到各自的位置，继续向前游，斯普林格依然跟在族群的后面。那样子，就好像某个家庭带着一位邻居的小孩外出游玩，这个小孩不知道自己应该跟着谁一样。虎鲸群转头向西，又向黑鲸湾游回去，斯普林格依旧跟在后面。然而当夜幕降临时，它又脱离了族群。第二天早上，研究人员在多尼戈尔湾的湾口发现了它，这里就是前天虎鲸群举行大型舞会的地方。

如果我们从人类的角度分析斯普林格与虎鲸群的融入过程，就能理解其中的原因了。我们与别人初次相识时，会花些时间相互熟悉一下，不会刚结识一个朋友就无话不谈、掏心掏肺。随着进一步了解和相处时间增长，我们才能逐渐找到在彼此生活中的位置。斯普林格大概也需要一些时间回忆野生鲸鱼的生活方式，需要一些时间重新适应高度社会化的群体生活，毕竟，它已经独自生活了很久。

接下来的两天，期普林格很可能有些摸不着头脑。之前族群中的其他虎鲸曾邀请它一起去海滩，可现在，又只剩下它自己了。在它回归的前两天里，当地只有两群虎鲸，后来更多的鲸鱼涌入约翰斯顿海峡捕食鲑鱼。

斯普林格在多尼戈尔湾的湾口附近定居下来，但是它的生活方式与在普吉特海湾的瓦雄岛没什么不同。在这里，拥有不同语言的鲸鱼族群你来我往，好不热闹，只有它独来独往。这有点儿像一个人独自参加一场盛大的派对，却无人理睬。

也许它的孤独感加剧了，它又一次寻求人类和船只的陪伴。这两天，斯普林格又把在普吉特海湾的旧习惯捡了起来，与船只进行了多次互动，船员可不想跟这头大名鼎鼎的虎鲸纠缠。有一次，一艘刚刷完蓝色油漆的船把它吸引了过去，它使劲在船上蹭，结果背上沾满了蓝色油漆。还有一次，它把一艘渔船推得直转圈，吓得船上的人惊慌失色，直到后来加拿大渔业和海洋部的人把它带走才相安无事。研究斯普林格的科学家们尽力安抚受到惊吓的公众，再次有人提出将斯普林格圈养起来。如果斯普林格不能适应野外的生活，如果它经常给船员惹麻烦，它将再次被放到水泥池中圈养。

好在加拿大渔业和海洋部的格雷姆·埃利斯（Graeme Ellis）想到了一个绝妙的主意：让斯普林格对船只产生负面体验。格雷姆从 20 世纪 70 年代早期就开始研究北方居留鲸。他告诉船员，如果斯普林格再次靠近船只寻求关注，他们就反着来，看到它要过来，就加大马力尽快把它甩开。船员们对这个计划将信将疑，因为这与他们之前对待鲸鱼的方式完全不同。行船指南上说，鲸鱼靠近时，船只应该减速，谨慎行驶。有一次，格雷姆看见斯普林格游过来了，就赶紧把另一艘船和自己的船绑在一起，拖着那艘船疾驰而去。

“它可不喜欢那样！”海伦娜说，“因为安排得天衣无缝，它没有受到伤害，但是看起来很生气。”斯普林格跃出海面试图跟上去，可它的人类朋友早已离它而去。

回到家乡的第三天，斯普林格向西游向多尼戈尔湾湾口，一边游一边呼唤其他虎鲸。当时，3 头 A36s 大型雄虎鲸正在向黑鲸湾游去。这 3 头雄虎鲸在北方居留鲸群里赫赫有名，因为它们的黑色背鳍高达 6 英尺（1.8 米），雄壮威武。只有雄虎鲸才有高大的背鳍和宽大的胸鳍，那是用来吸引雌虎鲸的，就像雄鸟用鲜艳的羽毛吸引它们潜在的配偶一样。那 3 头雄虎鲸听到了斯普林格的呼唤，转头向它奔来。“它们带上了它，特别自然，特别温馨。”海伦娜说，“它们一起玩了一会儿之后，那 3 头雄虎鲸就带着斯普林格穿过韦恩顿海峡向约翰斯顿海峡游去了。”

也许这 3 头雄虎鲸深知失去家人的滋味。它们的妈妈索菲娅（A36）生于 1947 年，1997 年去世了。好在这三兄弟可以相依为命，经常一起出行。

斯普林格跟在虎鲸三兄弟后面。但是，它对船只依然心存依恋。一艘行驶得很慢的帆船引起了它的注意，它又义无反顾地恋上了船只。船长按照格雷姆的建议，以 7 节的速度将船开得飞快。船长一直朝前开，直到开过约翰斯顿海峡都没停下来看斯普林格一眼，这头小虎鲸只好放弃追逐它的心爱之物。它转头向西，重新回到三兄弟身边，又一次做出了回归大自然的选择。

与虎鲸三兄弟相比，斯普林格的身材娇小多了。这一次，三兄弟把斯普林格夹在中间带着它游走了，就像它们曾经跟着妈妈游玩时一样。

虎鲸三兄弟带着斯普林格游回罗布森湾的“摩擦海滩”，

A5 虎鲸群和整个 R 族虎鲸热情地欢迎它们。三兄弟与虎鲸群成员们打招呼，仍然把斯普林格护在中间。当它们接近其他虎鲸时，斯普林格径直游向 16 岁的雌虎鲸诺达莱斯（A51）和它 8 岁的弟弟瑟奇（A61）——它们也是孤儿，它们的妈妈沙尔基（A25）在 1997 年就去世了。这群虎鲸好像对斯普林格格外同情，决心要保护它，直到它在虎鲸群找到自己的合适位置。

接下来的 12 天，斯普林格一直跟着诺达莱斯和瑟奇。诺达莱斯像一个自豪的妈妈那样护着它。这段时间，斯普林格完美地适应了虎鲸群的生活。每当斯普林格试图靠近船只，诺达莱斯就会在一边纠正它。在那 12 天里，斯普林格做到了与船只一刀两断。即便左有大型渔船，右有观鲸船，它也会紧跟虎鲸群，不再跑偏了。

7 月底，斯普林格不见了。那天早上，它游过虎鲸研究室的时候，保罗和海伦娜还见到过它。它和它的姑妈斯库纳（A64）还有表姐梅金（A71）待在一起。它的老祖母凯尔西（A24）也在附近。诺达莱斯在最后远远地跟着。

斯普林格失踪后，一直关注它回归的人们个个心急如焚，期待它再次出现。

8 月 17 日，斯普林格和它母亲一方的家人再次出现在了约翰斯顿海峡。与它在一起的是 A4 虎鲸群，它的外婆和姑婆也在。

它在光滑的石头上摩擦，在罗布森湾度过了一个愉快的下午。斯普林格，这头曾经的孤儿虎鲸，终于回家了。

研究人员说，还得再等一年，直到2003年夏天才能确认这个伟大的尝试是否成功。如今我们早已迎来了成功——第二年，以及此后每隔一年，斯普林格就会回来一次，身边都是它黑白相间的虎鲸家人。

2013年7月，斯普林格带着它的第一个孩子什皮里特（A104）来到了约翰斯顿海峡。2017年7月，又带着第二个孩子（A116，尚未命名）回来了。斯普林格的故事一直是个传奇，它的成功回归证明了一件事——当我们抛开分歧向着同一个目标共同努力，没有什么是不可能的。

作家兼讲师玛丽安娜·威廉森（Marianne Williamson）开设了一门著名的心理课程——《奇迹课程》（*A Course in Miracles*），旨在帮助我们清除生活中阻挡奇迹出现的障碍。这门课程将“奇迹”定义为“感知的修正”。直到大病初愈，我才发现自己在与病魔抗争的过程中创造了奇迹。连医生都觉得不可思议，只有我知道为什么。曾经，一些恼人的问题像阴霾一样笼罩着我，让我看不到生活的美好，眼里只有黑暗，心中万念俱灰，自己扼住了自己的咽喉。

斯普林格是鼓舞我康复的一个因素。它的回归表明有牢固的纽带将虎鲸族群紧密地联系在一起。将斯普林格送回它的族群，使得人类重新定义了自己在这个美丽的蓝色星球上作为守护者的角色。这是我们共同守护的家园，作为管家，我们帮助了这头小虎鲸，迈出了自己的一小步，剩下的，大自然自有安排。

大自然也帮助了我，给了我一次选择的机会。我选择了活下去。怀着对重生的无限感激，我重新定义了自己，重新定义了我在这个世界上的角色——即便那些被迷茫、恐惧和愤怒填满的日子几乎将我打倒，我也毫不畏惧。未来如何，无人知晓。还有更多的奇迹等着我们去创造。

2005 年，虎鲸中的南方居留鲸群被正式认定为一个独特的群体，美国《濒危物种保护法》将其列为“濒危”级。这一界定激发人们对虎鲸的栖息地、饮食、种群结构进行了更详细的研究。到目前为止，我们对南方居留鲸的了解大部分都是通过观察研究得来的。但是，冬天它们会去哪里？关于它们交配体系的更具体的问题，比如谁是这个鲸群中的父亲？它们到底吃什么？这些问题，研究者们仍然一无所知。

此后，联邦政府拨出资金用于保护濒危物种，科学家们用这些资金研究生活在普吉特海湾的虎鲸群，旨在解决一些最紧迫的问题。随后的 10 年科学家们发现，虎鲸的日常食物中占比最大的是奇努克鲑鱼。夏天，这些鲑鱼聚集在加拿大不列颠哥伦比亚省温哥华以南的弗雷泽河口。但是，遍布世界各大洋的虎鲸并不总是在内陆水域捕食鲑鱼。它们冬天去哪里这个谜团到 2012 年终于解开了。卫星追踪器首次定位了一头名叫迈克（J26）的成年雄虎鲸，后来又追踪记录了其他虎鲸，于是，当南方居留鲸群离开圣胡安群岛时，它们去了哪里便清晰明了了。

生物学家在圣胡安群岛南侧的奥林匹克山下的河口、华盛顿州和俄勒冈州交界处的哥伦比亚河、俄勒冈州南部的克拉马斯河和加利福尼亚州中部的萨克拉门托河等地都发现了虎鲸寻找奇努克鲑鱼的身影，这不足为奇。其中，有些河流几近干涸，鲑鱼也葬身其中，虎鲸只好跟着挨饿，结果，南方居留鲸群的虎鲸数量越来越少。

离虎鲸生活的海洋较远的内陆或许可以解决它们食物匮乏的问题，比如华盛顿州东部、俄勒冈州和爱达荷州的干旱沙漠地带。

太平洋西北地区的河流古老而狂野，在过去的 2000 万年里一直滔滔不绝，奔流不息，一直到今天。彼时，熔岩流还没有填满河流冲刷出的谷地，瓦洛厄山和七鬼山还没有拔地而起，米苏拉洪水还没有侵蚀出凹凸不平的火山地带，湍急的斯内克河水还没有雕琢出地狱峡谷高耸的峭壁和岩石，这些河流欢快地奔腾着，向西滚滚而去。

600 万年前，斯内克河流经哥伦比亚河玄武岩，沿着今天的华盛顿州、俄勒冈州、爱达荷州的边界冲刷出宽 10 英里（16.1

千米）、深 1.5 英里（2.4 千米）的地狱峡谷。哥伦比亚河玄武岩曾是一片 7 万平方英里（18.1 万平方千米）的熔岩流。与此同时，太平洋鲑鱼的祖先开始进化成我们今天熟知的北美洲的 5 个种类。它们在蜿蜒奔腾的河流里进化、演变。千百年来，潮涨潮落，沧海桑田，它们的基因日渐强大，它们的数量在时间的长河里增增减减。物竞天择，适者生存。最终，它们活了下来，并不断繁衍。300 万年前，斯内克河和哥伦比亚河终于在今天华盛顿州的帕斯科附近交汇，并继续向前奔流而去。

今天，一条 1300 英里（2092.1 千米）长的通道从位于哥伦比亚河口的俄勒冈州的阿斯托利亚一直延伸到黄石国家公园，连接了太平洋和北美洲的大陆分水岭（Continental Divide）。一个名为“拯救野生鲑鱼”的保护组织称，在鲑鱼河、格兰德龙德河、伊姆纳哈河、克利尔沃特河等河流，人类为通航、发电、灌溉而建的水坝，都可能破坏本土 48 个州 5500 英里（8851.4 千米）沿线最原始的高海拔鲑鱼栖息地。出生在这些河流里的鲑鱼，最终会洄游到这里，但是那些幼小的鲑鱼，因为身体不够强壮，无法游到太平洋，需要借助水流，也就是河水的流动，才能抵达海洋栖息地。

为了拯救鲑鱼，我们先从水中捞出一些鱼苗，装入水箱，再把它们放到孵化场养大。然后，再把小鲑鱼放在卡车或驳船上，走陆路或者水路，带着它们绕过大坝，来到下游。100 多年前，它们本可以轻松完成这一旅程。如果它们能成功抵达海洋，终有一天会洄游。但是，很多鲑鱼无法越过人类修建的各种堤坝。虎鲸的食物——奇努克鲑鱼数量受到威胁乃至濒临灭绝。科学家们一致认为，帮助虎鲸最好的办法就是拯救鲑鱼。

自 1975 年哥伦比亚河下游的 4 座大坝和斯内克河下游的 4 座大坝建成以来，斯内克河鲑鱼的数量一直在下降。2000 年建成的一个模型显示，斯内克河下游的 4 座大坝是鲑鱼数量恢复的最大障碍。对哥伦比亚盆地不同品种的鲑鱼进行的研究表明，如果阻碍它们的大坝不超过 4 座，它们就有机会通过这些大坝并存活下去。拆除大坝的话，斯内克河的鲑鱼将拥有最高质量的栖息地。这一事实与上述研究相结合，使得虎鲸研究人员、虎鲸保护组织、数百位鱼类生物学家一致认为，拆除斯内克河下游的 4 座大坝是斯内克河鲑鱼数量得以恢复的最快方式。这 4 座大坝分别是：冰港大坝、下游纪念碑大坝、小鹅大坝、下游花岗岩大坝。但是，要实现这一目标，必须有政府的支持。好在，我们已经成功了一次。

1992 年，美国国会通过了一项评估，允许拆除奥林匹克国家公园埃尔瓦河上的艾尔瓦大坝和格林斯峡谷大坝。经过 20 年的规划，艾尔瓦大坝于 2012 年被完全拆除，随后，格林斯峡谷大坝于 2014 年被拆除，这是美国历史上最大的大坝拆除与河流修复工程。

爆破拆除格林斯峡谷大坝之后没几天，生物学家们沿着河边行走时就听到了小鹅卵石滚动碰撞的刮擦声——第一批雌鲑鱼回到了被挖空的洼地，在河床上产卵。艾尔瓦河水声潺潺，100 年来，它们是第一批在这里产卵的鲑鱼。拆除大坝前，没有人想到它们会回来得那么快。到奔腾的河流中去开辟一片新天地的记忆一定在数千年前就储存在它们的基因中了吧？

这种观念的转变启发了人们的思考——斯内克河还有其他可能性。这样一条蜿蜒流动的野生河流，吸引了成千上万条鲑鱼的归来，这将是历史上最大的河流修复工程。

拆除大坝是一项长期工程，此时，我们还可以在别的方面有所作为。要恢复虎鲸的数量，能收到立竿见影之效的最重要的措施就是减少萨利希海的噪声，以便鲸群能通过回声定位找到更多的奇努克鲑鱼。

2017 年 7 月，由温哥华港牵头的“加拿大加强鲸目动物栖息地观测（ECHO）项目”公布了一份船只噪声对南方居留鲸影响的报告。这份研究表明，往来于虎鲸重要栖息地的观鲸船和商业船都对虎鲸产生了影响。来自船只的噪声使虎鲸每天减少了 4.9~5.5 小时的猎食时间。虎鲸依靠声音寻找食物和进行交流，对它们来说，船只的噪声就相当于轰隆隆的飞机经常从你家房子上空飞过，每次都吵得你无法做饭、无法和他人进行重要的对话。在这样的环境下，你整日不得安宁，并因此而变得压力重重、沮丧苦闷、毫无食欲。

2018年3月，美国华盛顿州州长杰伊·英斯利（Jay Inslee）成立了“南方居留鲸恢复工作小组”，为解决噪声问题提出了几项可以在一年内实施的建议，包括设立一个“慢行区”以减少噪声，它将限制所有船只在虎鲸生活区方圆0.5英里（0.8千米）内以7节（每小时12.9千米）以下的速度行驶；实行可行的许可制度，以控制每天的观鲸船数量。

目前，萨利希海濒临灭绝的虎鲸依然备受关注。我们会给它们带去安宁吗？能给它们提供食物吗？能为南方居留鲸创造一个奇迹吗？只要有一线希望，大自然就会给生命一个活下去的机会。我们拭目以待。

更深：神秘的海底世界

伪虎鲸和柏氏中喙鲸

（拉丁学名：*Pseudorca crassidens & Mesoplodon densirostris*）

如果我们可以抽干海洋里的水，除了没有树木，海底看起来将和陆地没什么两样。巍峨的山峦、起伏的丘陵、辽阔的平原、幽深的峡谷，这些都是海底地貌的显著特征。夏威夷岛上海拔约 13800 英尺（4.2 千米）的冒纳凯阿火山将成为世界上最高的山，因为从海平面下方的底部算起，它的高度超过 33000 英尺（10.1 千米），比珠穆朗玛峰（约 8.8 千米）还高出 1000 多米。由于夏威夷群岛的山都起源于火山，它们从海底的峡谷深处拔地而起，这些峡谷把夏威夷群岛在海底分隔开来。凯伊瓦霍海峡，也称考爱海峡，是所有这些峡谷中最深的。在考爱海峡和瓦胡岛之间，海底最深处可达 11000 英尺（3.4 千米）。

在瓦胡岛西海岸的科奥利纳玛丽娜几英里外，海底深度达 8000 英尺（2.4 千米）——这里是深水鲸鱼的领地。

正是在科奥利纳玛丽娜，我加入了卡斯卡迪亚研究中心夏威夷分部的核心团队，团队成员有罗宾・贝尔德（Robin Baird）、丹尼尔・韦伯斯特（Daniel Webster）、金伯利・伍德（Kimberly Wood）、科林・康福思（Colin Cornforth）以及其他志愿者。我们参加了为期 3 天的“2017 年 11 月瓦胡岛实地考察”项目。几年前，我在夏威夷海洋哺乳动物研究所工作时，曾跟罗宾・贝尔德打过一些交道。那时，他刚刚开始研究深海鲸鱼。这个领域当时还是空白，因为在夏威夷开展的鲸鱼研究绝大部分都是针对座头鲸的，罗宾可以在海洋哺乳动物研究方面留下浓墨重彩的一笔。罗宾还对一些独特的物种充满兴趣，鲜为人知的深海鲸鱼绝对不会让他失望。

在我和罗宾早期的讨论中，他催促我把研究重心从喙鲸转移到伪虎鲸上。“伪虎鲸更有意思，喙鲸有些无趣，它们只知道浮上来潜下去。”他的语气中带着一丝戏谑，“伪虎鲸是濒危物种，它们需要更多帮助。”伪虎鲸是一种鲜为人知的“黑鱼”，是海豚科中体形较大的一种，大多数全身黑色，群体高度社会化。罗宾和他的团队成员是世界上少数几个长期研究这一物种的鲸鱼生物学家。最近，他们注意到夏威夷群岛伪虎鲸的数量正在急剧下降。

我赞同罗宾的提议，但是依然希望能在夏威夷岛发现3种喙鲸中的任意一种。我这样满怀希望并非毫无来由。有一天，在阅读马克·卡沃丁（Mark Carwardine）的《鲸鱼、海豚和鼠海豚》（*Whales*，*Dolphins*，*and Porpoises*）时，我注意到卡沃丁将瓦胡岛的怀厄奈海岸列为世界上观察柏氏中喙鲸的最佳地点之一。我在卡沃丁的这本书上记下了我的鲸类“物种清单”，就像鸟类学家有一个“物种清单”记录他们发现的鸟类一样。

我觉得我即将加入的卡斯卡迪亚研究团队将是助我实现梦想的理想团队。这个团队做了个照片识别目录，囊括了夏威夷的12种鲸目动物，包括：伪虎鲸、短肢领航鲸、瓜头鲸、矮虎鲸（侏儒虎鲸）、虎鲸、长须鲸、倭抹香鲸、糙齿海豚、灰海豚、宽吻海豚、柯氏喙鲸和柏氏中喙鲸。此时，我并不知道在瓦胡岛附近看到鲸目动物有多么不容易。

该项目开始于2017年11月2日，6天后我加入了这个团队。为行程做准备时，我一直关注着罗宾脸书（Facebook）上关于团队研究进展的更新。11月3日，他在脸书上写道：“我们在海上的第一天卓有成效，遇到短肢领航鲸3次，遇到点斑原海豚1次，两次遇到该地最不常见的物种——柏氏中喙鲸！遇到的第一个柏氏中喙鲸群共有8头，包括1头雄性成年鲸和3对母子鲸……我们至少给其中的7头柏氏中喙鲸拍好了身份照，还给其中的一头安装了卫星追踪器，来研究它们的活动——这是我们首次在瓦胡岛附近追踪这个物种。”读到这里，我的心停跳了一下——见到喙鲸的概率似乎增大了。

我默默地为自己祈祷，飞往瓦胡岛和团队会合。我迫切地想要看看生活在海底深处的那些生物。

11 月 9 日，天还没有亮，我们就在港口会合了。我登上了一艘 24 英尺（7.3 米）长的硬壳充气艇，它看起来跟卡斯卡迪亚研究中心的约翰·卡拉蒙基迪斯研究蓝鲸时驾驶的那艘差不多——船舱中部驾驶区上方有一把遮阳伞。旭日初升，我们便驾船离开了怀厄奈海岸。"趁风力还没增强，我们还有几个小时的时间。"离开港口的时候，罗宾说。他似乎就这么随口一说，我也就点头应付了一下。"我们尽量停在背风处，希望有鲸鱼游过来。"他补了一句。

瓦胡岛的形状像一个不规则的正方形，左下角是科奥利纳港。我没有想到的是，信风从东北偏东一直向西吹。怀厄奈山脉有助于瓦胡岛西海岸防风林带的形成。不过，过了这里，防风林带就消失了。我在船上坐了好久。

当我加入这个团队的时候，团队成员已经在此调查了一个星期，但没有固定的路线，一天离海岸很远，另一天又在海岸附近。今天我们选了一个中间路线，离海岸不近也不远。金伯利和科林站在船艏栏杆处，和詹姆斯在圣巴巴拉海峡附近给蓝鲸安追踪器时在船上站的位置一样。他们背对背，扫视着前前后后的海面。其余的人在甲板上观察。

我们在海上航行了一段时间，经历了海况从微波粼粼、能见度高的蒲福风力2级，到风大浪大的蒲福风力3级，再到波涛汹涌、带着浪头白沫的蒲福风力4级。站在与海平面持平的地方看，海浪要大得多，与我上次寻找蓝鲸时站在“海鸥号”两层楼高的甲板上看，大不一样。

我在排山倒海般的巨浪和浪头白沫之间寻找鲸鱼或海豚的影子，比如它们的背鳍或黑色的身体。这些年来，我一直训练自己在观鲸船的顶层通过辨识水雾和尾鳍来寻找最大的几类鲸鱼，比如座头鲸、蓝鲸、灰鲸等。如果没有那些喷到海平面15英尺（4.6米）以上的水雾，我几乎就是个睁眼瞎。这样强的风力，会让鲸鱼呼吸时喷出的水雾很快随风飘散。我睁大了双眼，除了楔尾海鸥在海面上盘旋，什么也看不到。接着，一条巨大的飞鱼映入我的眼帘，它穿行在海浪间，那修长的蓝色身体上，展开的鱼鳍宛若蜻蜓的翅膀。既然能看到一条飞鱼，大概也能看到一头鲸鱼吧，我想。

“9点钟方向，400米处，有情况！”科林在船头喊道。

罗宾马上向左转动方向盘，船随即转向9点钟方向。这艘硬壳充气艇像帆船遇到风一样侧倾了，我吓得心惊肉跳，直到它平稳下来，我依然不敢喘气。

我站在晨曦中，仔细观察着船左舷的水域，希望看到深海鲸鱼的影子。

“200米处，12点钟方向！”科林喊道，那群鲸鱼再次出现了。

这下，罗宾也看到了。“领航鲸！”他喊道。

“短肢吗？”我问。短肢领航鲸是领航鲸的热带品种，这种鲸鱼因这样一件事而出名：一名女子游泳时因离它们太近，被它们抓住了一条腿，把她拖到了夏威夷岛的水下，整个过程被记录了下来。女子幸存下来，并讲述了这段可怕的经历。

“嗯。我们 25% 的时间看到的都是短肢领航鲸，它们是领航鲸中数量最多的。”罗宾说。

我密切注视着前方。突然，在一个腾起的浪头上，我看到了一个宽大的黑色背鳍，这个背鳍更像长在了鲸鱼的肩部（如果鲸鱼有肩膀）而不是背部。

我紧盯着那个位置。水雾腾起的时间很短，转眼就随风飘散，后来又出现了两次。我猜这是一群年幼的领航鲸喷出的水雾。它们浮出海面时，我只瞥见了它们球状的前额。

海豚和鼠海豚有区别，海豚和鲸鱼同样有区别，但是这些名称有时会被混用。鲸目的两个亚目中，须鲸亚目动物通常体形较大，头顶有两个喷气孔，而齿鲸亚目动物头顶只有一个喷气孔。“鲸鱼”一词通常用来描述任何体长 9 英尺（2.7 米）以上的鲸目动物。

有 6 种齿鲸实际上属于海豚科，但通常被称为鲸鱼，它们是：瓜头鲸、短肢领航鲸、长肢领航鲸、伪虎鲸、矮虎鲸、虎鲸。这些鲸鱼身体大部分是黑色，有的全身都是黑色，有“黑鱼”之称。除了吃鱼的虎鲸和吃哺乳动物的杀手鲸外，它们大多生活在远离海岸的深水中。由于很少露面，观鲸者及科学家对它们知之甚少。

罗宾·贝尔德和丹尼尔·韦伯斯特研究这些夏威夷黑鱼已将近 20 年。因此，即使天气条件不太理想，他们也能发现这些短肢领航鲸，对此，我已见怪不怪。

一头雄性成年领航鲸从船的右侧蹿出来，向船尾游去。我看着它穿行在巨浪间。“这种鲸鱼不同性别间的差异很大。”罗宾说。他指的是雄性个体的身体要大很多，体长大约 18 英尺（5.5 米），而雌性个体体长只有 12 英尺（3.7 米）左右。这头雄性领航鲸的大背鳍在我面前一览无余，它的背鳍末端呈镰刀状，顶部呈圆形，有点儿像长得过于厚实的猫的指甲。雌性领航鲸和领航鲸幼崽的背鳍形状更规则一些。

在苍茫的大海上，很多时候只能根据稍纵即逝的鳍来辨识各类鲸鱼。金伯利和科林咔嚓咔嚓拍下一张又一张照片，他们绝不会轻易放过给遇到的每一头鲸鱼的背鳍两侧拍照的机会。在这么恶劣的环境里拍摄，任务实在有些艰巨。

那头雄性领航鲸又浮出海面呼吸，我又有机会看到它那与群体里其他鲸鱼不一样的方脑袋。罗宾对这次偶遇相当满意，随后把充气艇开走了。我只好眼睁睁地看着它们消失在巨浪中。

这次调查任务的资金主要来自资助罗宾研究“伪虎鲸的关键栖息地和社会结构”的项目。罗宾的研究重心在伪虎鲸身上，他定期从一头伪虎鲸背鳍上的卫星追踪器获得信号，但是今天，这头伪虎鲸毫无动静。

“那个追踪器总是让我毫无头绪。”他对丹尼尔说，他们正在讨论一个还没敲定的计划。

我们驶回调查路线，掉头继续在惊涛骇浪中向东北方向航行。我紧紧抓住船长座椅旁的一个柱子，让自己不至于在翻滚的巨浪中东倒西歪。

“这儿的水有多深？”我问罗宾。我们一直向前航行，要去寻找更多的鲸目动物。

他瞥了一眼仪表板上的导航设备。“2400 米。”他说。我在脑子里飞快地进行了运算，因为我很不习惯使用公制单位。

“哇！将近 8000 英尺深呢！”我说，“够深的。”一定是喙鲸的地盘了，我心想。

我试图描绘海底深处的景象。尽管我对鲸鱼十分痴迷，然而无论我怎么想象，依然无法勾勒出它们在深海生活的画面。那里漆黑一片，我无法想象它们如何寻找食物，也无法想象它们怎样发出咔嗒声和哨音。它们的大脑中天生就有一幅山川峡谷地图吗？它们会像熊记得发现浆果或莎草的山谷一样找到曾经在水下猎食过的最佳地点吗？它们会游向更深处去寻找食物吗？没有答案，只有更多的疑问。鲸鱼在海底世界中的生活一直是一个巨大的谜团。尤其在这样的深海区，海面波涛翻滚，海底深不可测。

一阵倦意朝我袭来，我几乎睁不开眼了。多年的海上经验告诉我，我晕船了。此时，我的胃并不难受，我只是无法集中精力看那涌过来的一浪又一浪。当天早上吃早餐时，我就着花生酱三明治吃了两粒姜根胶囊。现在，我得再吃点儿东西了。我把手伸到座位后面的网袋里，抓了一把饼干，一片一片地吃了下去，眼睛也没歇着。我只能盯着远处怀厄奈海岸线一带唯一的陆地，盯着那苍翠的群山和陡峭的山谷。

“我们离岸有多远？”我问罗宾。

“你觉得呢？”他反问我，想测测我估算距离的能力。

“5 英里（8.0 千米）？”我猜。

“12 千米。”他说。我不得不再一次迅速做了换算。这么多年来，我参加过很多次公路长跑比赛，我知道 10 千米相当于 6.2 英里，也就是说，我们离岸 7 英里（11.3 千米）左右。换算过后，我依然觉得难以相信。绿色的海岸线看上去近在咫尺。

判断海面上的距离绝对是研究鲸鱼必须掌握的一项技能，但在这次的航程我可能掌握不了。在海上，我总觉得陆地和鲸鱼与我的距离比实际距离更近。这种错乱的感觉不止我一个人有，其他的志愿者也一样不能准确判断。当有人发现鲸鱼需要我进行定位时，这项技能就显得相当重要了。

风平浪静了，我重新集中精力搜寻鲸鱼。我们向岸边驶去，驶向瓦胡岛的背风面。

“10 点钟方向，800 米处，有情况！”金伯利在船头喊道。

罗宾把船头转向出现情况的方向。驶近一看，金伯利发现是斑海豚，确切地说，称作“点斑原海豚”，也叫“kiko”（夏威夷语，有“斑点”之意）。

很快，一大群点斑原海豚就围住了我们。“有24%的时间，我们看到的都是这些家伙，”罗宾笑着说，“我们通常所见的群体都是60只左右，这一群要大得多，大约有300只。”

我看着它们快速向小船游来，游到船头前，稍做停留，又四散开去，速度极快。

“它们通常按年龄分组，”罗宾说，“这些都是成年雄海豚。”

“有4只在船头！”金伯利喊道。

我靠在船边。“嗨！”我一边向这群有斑点的海豚打招呼一边挥手。美丽的点斑原海豚围绕在船的周围，它们很像夏威夷长吻原海豚，只是稍长1~2英尺（0.3~0.6米）。我对点斑原海豚灰色背鳍侧面那些漂亮的白色斑点赞叹不已。

在热带太平洋东部，渔民们经常用围网捕捞金枪鱼，但是金枪鱼后面常常跟着点斑原海豚,所以它们经常被捕获。据估计，自20世纪50年代以来，包括点斑原海豚在内的约600万只不同种类的海豚葬身于此。为了减少海豚的死亡，捕鱼方式发生了一些改变。在夏威夷水域，渔民们不再使用围网捕捞金枪鱼，改用鱼钩，但是鱼钩也经常钩住点斑原海豚。

“一群5只，2点钟方向！”科林喊道 。

“下潜中！”金伯利边看边喊。

雄海豚从船头游走了。

我们发现又有一小群海豚围了上来，它们是母海豚和小海豚。

“新生的小海豚在船头！”金伯利喊道，一只新生的幼崽，除了没有斑点外，简直就是成年点斑原海豚的迷你版。这个新生儿紧紧地跟在妈妈游动时划起的水流后面。

点斑原海豚出生的时候，没有成年海豚身上那样的斑点。随着年龄的增长，它们浅色的腹部会长出深色的斑点，而深色的背部则长出浅色的斑点，尤其是雄海豚，它们身上的斑点似乎更多。

我听到一些女性志愿者拖长声调大声说“哦……”，那是对海豚宝宝抑制不住的喜爱。

在这群点斑原海豚里，有各个年龄段的小海豚：刚出生不久的只有 1~4 个月，稍大点儿的从 6 个月到 1 岁不等。青少年和接近成年的海豚——相当于人类的儿童和青少年——比比皆是，组成了不同的社群，分散在一些更大的群体中。海豚跳跃着快速穿梭在海浪间,我们跟随它们往东北方向行驶了几英里(1 英里≈ 1.6 千米)，然后掉头向瓦胡岛最西端的卡伊娜角驶去。

我们收集了点斑原海豚的群体大小和行为特征等必要数据后，就任由它们自由活动了。它们会下潜到较浅的地方随便捕些鱼吃，或者悠闲地游动、休息。

海豚的睡觉方式和人类的不同，因为海豚大脑的左右半球不像我们人类一样是连通的。海豚及其他齿鲸能够在一个大脑半球休息的同时，让另一个大脑半球保持清醒状态且呼吸不会中断。像其他鲸鱼一样，它们的呼吸是有意识的，它们的每一次呼吸都是自主选择。人类正好相反，每一次呼吸都是无意识的，根本不需要想。

罗宾驾船向东南方向驶去。海面已经平静多了，船也航行得更稳了，我这才伸手到冰桶里拿我的火鸡三明治。我的疲倦随着风浪烟消云散了。我扫视着越来越平静的海面，寻找在耀眼的阳光下出现在海水中的背鳍或深色的身体。

没过多久，我又看到另一种海豚。但还是让船头处的科林和金伯利再次占了先机，他们先看到了海豚。

“3 点钟方向，一直在 200 米处游动！”金伯利喊道。

“糙齿海豚。”罗宾回应了一声，他刚好也看到了。后来他说，那些海豚名字里的“糙齿”（*Steno*），来自它们的拉丁学名 *Steno bredanensis*，当地的渔民也用这个名字称呼它们。

“我不知道有没有见过这种海豚。”我说。

“你可能没有吧。”罗宾说，因为要遇到这种深海物种实在不易。“你读过《逆风而行》（*Lads Before the Wind*）这本书吗？”他问。

“没有。”我说。

“凯伦·布莱尔（Karen Pryor）写的，她早年在檀香山海洋公园做海豚训练师。”他说。

凯伦·布莱尔和檀香山海洋公园我倒是听说过。

“糙齿海豚是唯一不需要食物奖励就能解开谜题的海豚，”罗宾谈到这种海豚的智力时说，“它们好像对此乐此不疲。”

这激起了我的好奇心。我在海面上搜寻着这种独特的海豚。果然就看到了。在3点钟方向，几个后缘弯曲如镰刀状的三角形背鳍在我们右前方露出海面。至少有3只，它们从一支大约有40只海豚的队伍里游出来，到了船边。我注视着海面，看着它们游过来。它们看起来像史前海豚，身体呈灰色，全身都有斑点，背部和侧面是白色的斑点，有些像被雪茄达摩鲨攻击造成的圈状伤痕。

雪茄达摩鲨是一种小型鲨鱼，它们通常咬住被攻击的对象，然后旋转一下，在受害者身上留下一个圆形的坑洞。它们生活在水下1~2英里（1.6 ~ 3.2米）处，深潜类海洋哺乳动物特别容易受到它们的攻击。

糙齿海豚每次浮出海面呼吸时，它们身上最显著的特征就一览无余了。它们的吻突与额隆之间无明显凹痕分界，其他海豚，如宽吻海豚，或者我们刚刚见过的点斑原海豚，分界都比较明显。正因为如此，糙齿海豚的大眼睛看上去像是从头部后面突了出来。这些特征综合在一起，使得糙齿海豚似乎在进化的道路上被遗弃了。尽管如此，它们还是属于相貌奇怪的动物中比较可爱的。我立刻就被它们迷住了。

发现糙齿海豚后，船上的人就忙了起来。丹尼尔立即打开装着飞镖枪的防水箱，拿出飞镖枪并给枪装上了一个带钩的箭，箭上带着他准备发射出去的追踪器。他把枪口朝上举着，小心翼翼地走到了船头。

给小型鲸鱼和海豚装追踪器是丹尼尔的专长。这里说的追踪器跟约翰·卡拉蒙基迪斯在圣巴巴拉给蓝鲸装的追踪器大不一样。安这些追踪器的目的是追踪海豚在岛屿间来回游走的路径。追踪器每一次露出海面，它的位置就被天上的卫星测算并记录下来。罗宾可以登录阿尔戈斯（Argos）卫星系统，将信息下载到电脑上。追踪器本身没有存储任何信息，即便沉入大海，也没有必要把它们捞出来，这就省去了很多麻烦。否则，大海捞针，真的很难。

团队的人会把追踪器安到要追踪的鲸鱼或海豚的背鳍上。它们的背鳍由软骨组织构成，给它们安追踪器就像给人扎耳洞一样。在接下来的数天、数周、数月里，罗宾会接收到不断更新的海豚位置信息，目前的最长纪录是208天。这些齿鲸亚目动物高度社会化，所以它们群体的位置也就随之不断更新了。

丹尼尔靠在船头的护栏处，像狙击手一样端着枪严阵以待。他心里清楚，千万不能射到充气艇或者艇上的人身上。海豚游到了船边，丹尼尔跪在浮筒旁，将飞镖枪瞄准海面。

“2点钟方向下潜中！”金伯利在船头喊道。他想给正设法靠近海豚的罗宾一点指导。

“目标，3点钟方向！”科林喊道。他说的是科研团队想要安追踪器的那只海豚。

丹尼尔再次将飞镖枪瞄准海面。我屏住呼吸，有些不忍心，不知道该不该看着他把飞镖射出去。不过我知道，掌握海豚的活动范围是为了保护它们。罗宾和丹尼尔是仅有的研究糙齿海豚的两个专家。

现在的海况是蒲福风力3级，风浪有点儿大，海豚对船只不再感兴趣，这稍微有点儿反常。它们又下潜了。我长长地出了一口气。

丹尼尔站起来走到船尾，取下飞镖枪，把枪和追踪器都放回到箱子中。后来在一个风平浪静、海豚对船只更有兴趣的日子，他又试了一次，成功了。

我们不再打扰那些糙齿海豚，罗宾驾船向东南方向驶去。我环视了一下周围的海面，又抓了一把饼干，以驱赶再一次袭来的倦意。

寻找鲸鱼的同时，我们也收集见到的海鸟的情况。目前我们见到的数量最多的海鸟是长尾水鸟。我喜欢海鸥，这种棕色的鸟有长长的翅膀和雪白的腹部，它们像信天翁一样勇敢地翱翔在惊涛骇浪中。它们头朝下潜入水中，捕食被大型掠食性鱼类驱赶到海面的小鱼，比如之前看到的飞鱼。我经常把海鸥溅起的浪花当成小鲸鱼喷出的水雾，激动得差点儿跳起来大喊一声。好在，每次我都能及时把要脱口而出的话咽回去。

我开始对这些远离海岸、很少游到岸边的深海鲸鱼有了全面的认识。它们生活在大海中的不同深度处，在浩瀚的海洋世界里自由自在地遨游，通过响亮的咔嗒声和哨音的回声定位寻找鱼类；它们不分老幼，群体关系紧密，一起寻找食物，保护彼此不受海洋中的掠食者（如雪茄达摩鲨）和寄生生物（如鲫鱼）等的侵扰。它们的生活自由自在，相对不受干扰。

更多的海鸟从我们眼前掠过。身材修长、浑身雪白的白玄鸥在我们上空来回盘旋了好几次，它们的翅膀像海鸥的翅膀一样尖，俯视着海面寻找美味。热带军舰鸟有独特的叉形尾和钩状喙，也从我们头顶划过。还有一种蓝喙红脚的夏威夷本地鸟，名字叫红脚鲣鸟，其外形与一种大型塘鹅有些像——它们是远房亲戚。

我看着头顶的海鸟，直到我们驶向一个黄色的大浮筒。它的体积大约是我们船的 ¼，形状像一个大壶铃。“那是集鱼器，简称 FAD，”罗宾说，我还没来得及问他什么是集鱼器，他就补了一句，“集鱼器的原理是，每当水中有漂浮物时，鱼类便会聚集在下面，以寻求安全。那些集鱼器是当地渔民捕鱼用的。”

浮筒用长约 100 英尺（30.5 米）的链子和长几千英尺（1 英尺≈ 0.3 米）的尼龙绳拴着，尼龙绳连着海底 3 个大水泥墩，尼龙绳放多长，取决于浮筒放多深。渔民们可以获得这些装置的位置，从而捕获黄鳍金枪鱼、鲯鳅（也叫海豚鱼，注意不要和海豚混淆）和刺鲅。

“原来如此啊。”我想起以前听别人讲过很多次，鲸鱼或海豚会追逐躲在船底下的鱼。卡斯卡迪亚研究中心在 You Tube

视频网站上传过几段在水下拍摄的视频：伪虎鲸对一群拼命躲藏的鲯鳅紧追不舍。

罗宾检查了集鱼器，今天，下面一条鱼也没有。

当我们沿着既定的路线航行时，当地一家观海豚公司获得了一个小道消息，说有人在岸边看到了一群宽吻海豚，于是我们掉头向岸边驶去，果真在那里发现了那群宽吻海豚。卡斯卡迪亚研究中心的工作人员一直在追踪和研究宽吻海豚，并不断更新它们的身份照目录。有机会遇到宽吻海豚，有助于进一步了解这个物种在夏威夷群岛的生活范围以及这个特定群体的社会结构。通过识别每个个体，记录它们与谁、什么时候待在一起以及待了多久这些问题，我们可以了解宽吻海豚在社群内如何进行社会分工。幼崽与妈妈相伴多长时间？它们多久繁殖一次？雄海豚是和家人待在一起还是组成单身汉群体？这些都是我们可以通过身份照解答的问题。

我们驶近风平浪静的岸边，看到宽吻海豚的浅灰色镰刀状背鳍露出了海面，随即几阵薄雾升起。船上的每个人手中都举着一架配有400毫米长焦镜头的相机，目标是拍下这群体形巨大的海豚中的每一只。每个摄影师聚焦在不同的方向，咔嚓咔嚓的声音响个不停。

罗宾驾船穿行在三五成群的海豚间，有些海豚随船同游。一群宽吻海豚，大约有20只，沿着离怀厄奈海岸不到1英里（1.6千米）的水域向南游去。噗、噗、噗，每次浮出海面时它们都会发出巨大的呼气声。它们是一个大家族，在湛蓝的夏威夷海洋里遨游。它们要奔向哪里？也许只是从此地路过，也许还有更多故事。也许它们正奔赴同类举办的一个大型聚会，也许它们要去南部赶赴一场盛宴。如果能与这些海豚进行哪怕几分钟的无障碍交流，问一问它们在海洋里的生活，那该是一件多么美好的事啊！它们的生活神秘莫测，我却只能在颠簸的小船上看到一星半点。我能做的就是在这壮观的时刻看着它们光滑、迷人的身体上浮下潜。

我们用相机拍下了每一只宽吻海豚的背鳍，然后驶回科奥利纳港，当时我们离科奥利纳港大约只有 1 英里（1.6 千米）。下午两点，当天的工作基本上告一段落。我们在 8 小时里为寻找海洋哺乳动物航行了 100 英里（161 千米）以上，遇到了 4 种不同的海豚，但没有遇到一头喙鲸。但我相信，有罗宾、丹尼尔以及团队的其他成员在，接下来的几天里我们与喙鲸一定有缘相见。

第二天天还没亮，我们又在港口处集合了。“我有一个好消息和一个坏消息，”我们往船上装东西的时候罗宾嚷嚷道，“你想先听哪一个？”

“坏消息。”我说。我是那种希望尽早直面现实的人。

“我们在怀厄奈以北 11 千米处发现了伪虎鲸。”他说。

将近 7 英里？我估摸着。我觉得这个消息不算特别坏啊。

“好消息呢？”我问。

“我们追踪到了伪虎鲸，”他提起追踪器的下落，“我想我应该先讲好消息。”

我们驶离港口，径直向追踪器的坐标方向开去。我们的船逆风疾驰。虽然太阳尚未升起，却没有一丝寒意，我只穿着一件薄夹克便足以抵挡迎面而来的海风。一轮鹅黄的太阳从我们身后的海平面升起，穿透云层，射出万丈光芒。我期待沐浴在它温暖的怀抱中。

45 分钟后，我们抵达了追踪到的伪虎鲸所在区域。我时不时地能听到接收器传出的吱吱声，显示它在变换位置。“离我们大约 400 米远，”罗宾的嗓门盖过了船的噪声，“注意周围情况。”

我紧盯着周围高 5~8 英尺（1.5~2.4 米）的海浪。一个浪头托起船时，眼前的视野就会开阔几秒钟，海面一览无余。紧接着，蓝色的巨浪扑来，挡住了我的视线。我们很难在巨浪中识别出这些体形较小的齿鲸，因为它们不像体形较大的须鲸那样能喷出高高的水雾。

“12 点钟方向，200 米处有情况！”科林喊道。

我向他说的方向望去，却只看到一排巨浪。待到巨浪消失，鲸鱼已经潜入水下了。

它们再次浮出海面时，我正好看到。有人喊：“3 点钟方向！”转眼它们就不见了，但我清楚地看到了一头年幼的伪虎鲸的光滑的头和圆圆的吻突。

这种大黑鲸和我们几天前看到的短肢领航鲸大不一样。整体上，伪虎鲸体形较小，身体从头到尾呈流线型，很像鱼雷。伪虎鲸的身上几乎都为黑色，但它的喉部到肚脐有灰斑。它们被称为伪虎鲸，意思是“假的虎鲸”。虽然它们与虎鲸有关系，外表却与虎鲸有天壤之别。科学家们初次研究它们的骨骼构造时，发现它们的头骨与虎鲸的头骨形状相似，于是把它们称为“伪”虎鲸。

接收器继续吱吱地发出响声。“那头鲸鱼就在这儿。”罗宾扫了一眼海面说。

我们没有找到追踪的那头伪虎鲸，却看到了另一头成年伪虎鲸和一头幼鲸浮出了海面。这个团队之前见过这头成年伪虎鲸。在卡斯卡迪亚研究中心的物种目录中，它的编号为 HIPc204，这个名字实在有些不好记，但是它伤痕累累的背鳍却让人过目难忘。2005 年初次被发现时，它至少 12 岁，是夏威夷主岛濒危伪虎鲸特有种群段（科学地讲，称为 MHI IFKW DPS）中“第一组”的一员。伪虎鲸是一种高度社会化的动物，其生活方式与虎鲸类似，因此，这两头伪虎鲸很有可能是从在这片水域猎食的一群伪虎鲸中游离出来的。但是之前的调查显示，同一组伪虎鲸中的成员可能以小群的形式分散在方圆 12 英里（19.3 千米）的水域中。

世界上大片大片的海洋其实都是生物学意义上的荒漠，因为阳光无法穿透，海里根本没有什么养分。海洋的大部分生产力源自大陆架，那里富含营养的冷水上涌至海面，为海洋食物链的形成提供了物质基础。夏威夷是汪洋中的一片绿洲，这里有陡峭的海底火山，虽然物种没有北美海岸线那么丰富，却也是不少生命的庇护所。这片湛蓝的热带水域中物种稀少，没有成群的饵鱼，须鲸也不会来此地猎食，但是一些更小的鱼栖息在暗礁和水下山脉附近，因此成了金枪鱼、鲯鳅、刺鲅等鱼类经常光顾的地方，这些鱼也是人类和伪虎鲸的美食。

成群的伪虎鲸为了找到足够的食物，每天要游很远，它们会跟随最年长的雌性伪虎鲸在夏威夷群岛的水域觅食，就像一群大象跟随着最年长的母象在面积日益萎缩的非洲大草原上觅食一样,由这些年长的雌性动物来决定觅食的时间、地点和方式。雌性伪虎鲸在晚年会经历更年期，有同样经历的物种屈指可数，比如虎鲸、领航鲸、白鲸、一角鲸以及人类。即便过了生育年龄，最年长的雌性伪虎鲸依然对家族的生存至关重要，因为它们布满褶皱的大脑皮层中储存了多年积累下来的常识和来之不易的生活经验。

就像太平洋西北部的虎鲸分为北方居留鲸群和南方居留鲸群一样，夏威夷群岛的伪虎鲸也分为两个主要的种群。西北夏威夷群岛种群主要生活在外围岛。生活在夏威夷主岛的种群主要在考爱岛、瓦胡岛、莫洛凯岛、毛伊岛、拉奈岛和夏威夷岛周围的水域活动。另一群伪虎鲸组成了远洋种群，它们生活在离岸 75 英里（120.7 千米）外，就像太平洋西北部的近海虎鲸种群一样。

伪虎鲸是海洋王国里的顶级掠食者，数量不多。虽然伪虎鲸是罗宾的主要研究对象，他却很少遇到夏威夷主岛濒危伪虎鲸（IFKWs）。不过，一旦遇到，科学家们就绝不会放过这来之不易的机会，他们会给每一头伪虎鲸拍身份照，做皮肤活检，并进行卫星追踪。在世界各地所有伪虎鲸中，夏威夷主岛濒危伪虎鲸成了科学家研究最多的群体，也是夏威夷最知名的一个群体。

17 年来，卡斯卡迪亚研究中心的工作人员已经对 150~200 头夏威夷主岛濒危伪虎鲸做了分类。到目前为止，罗宾和他的团队掌握的情况是，这个拥有独特基因的群体由 4 组关系密切的家族成员组成。

伪虎鲸是一种长寿的动物。目前已知年纪最大的雄性伪虎鲸是 58 岁，雌性伪虎鲸大约是 65 岁。不过，罗宾认为它们可以活到 70~80 岁。我们对伪虎鲸的研究时间还不够长，所以还不是很确定。

当我们追踪一头成年伪虎鲸和两头年幼的伪虎鲸时，我紧紧抓着船长座椅旁边的一个铁杆以免自己东倒西歪。我不时瞥见没有追踪器的背鳍露出海面，或看见一头伪虎鲸的头露出海面，喷出低矮的水雾。接着，一头成年伪虎鲸出现在船的左侧，它的样貌清晰可见。它那锥形的尖牙咬着一只鲯鳅。在清澈湛蓝的海水里，这头雄性伪虎鲸叼着它的猎物，鲯鳅尖尖的黄尾巴和脊骨露在它嘴巴的一侧，方形的脑袋露在另一侧。成年伪虎鲸最喜欢和它年幼的小伙伴分享这种美味。

也许正是这种分享食物的做法把这类特别的伪虎鲸推上了濒危物种的名单，因为捕鱼的鱼钩经常钩住它们。

2012 年，根据美国《濒危物种保护法》，夏威夷主岛伪虎鲸种群被列入“濒危”等级。罗宾一直是 2010 年在夏威夷成立的“美国国家海洋渔业局伪虎鲸保护团队”的成员。这一团队致力于减少这一濒危种群由人类引发的死亡。罗宾和他的卡斯卡迪亚研究团队在过去 12 年里独立收集的卫星追踪数据已被官方采纳，用于在夏威夷群岛的主要岛屿上为伪虎鲸划定关键栖息地。所谓关键栖息地，是指动物经常活动的区域。

伪虎鲸喜欢把鱼从鱼钩上扯下来，这种行为广为业内人所知。延绳钓是渔民捕捉值钱的鱼（比如金枪鱼、鲯鳅等）的一种作业方式。在渔民看来，这些鲸鱼在“偷吃”他们的鱼；而从鲸鱼的角度来看，渔民是在和它们“分享”鱼。在伪虎鲸的文化里，分享食物是巩固社会联系的一种方式。

在丹尼尔的《夏威夷群岛海豚与鲸鱼的生活》（*The Lives of Hawai'i's Dolphins and Whales*）一书中，他讲述了同事丹·麦克斯威尼（Dan Mcsweeney）的故事。有一次，丹和一群夏威夷岛的伪虎鲸在水中一起游玩，其中的一头伪虎鲸给了他一条大黄鳍金枪鱼。这头伪虎鲸游到他跟前，丢下鱼。金枪鱼漂向他，他拾了起来，拿在手里，伪虎鲸从他后面游过来。他不知道还能做些什么，于是把金枪鱼还给了伪虎鲸。伪虎鲸接过金枪鱼，游走了。伪虎鲸用这样的方式对他表达尊重，是多么让人激动的一件事啊。

2005 年，罗宾及其团队发表了一篇论文，阐述了延绳钓这种捕鱼方法是如何对夏威夷主岛濒危伪虎鲸背鳍造成伤害的。他们查看了 8 个不同物种的 13 个目录下的身份照，发现这种伤害发生在伪虎鲸身上的概率比发生在其他几个物种身上的概率高 4 倍。对背鳍的伤害包括划伤、割伤甚至失去整个背鳍。他们还在一头死于夏威夷岛上的雄性伪虎鲸胃里发现了 5 个延绳钓鱼钩。

罗宾给我讲这种捕鱼方式时，用了“附带捕获”一词。一开始我不太明白，直到他给我看了一张伪虎鲸被一个延绳钓鱼钩钩住的照片后我才恍然大悟。“附带捕获”是官方用词，意思是渔民在捕鱼时会无意中捕捞到其他海洋动物。官方使用“附带捕获”一词旨在将这一捕鱼方式造成的有害影响降到最低，就像把军事行动中平民的伤亡说成是“附带伤害”一样。说得更直白一些，延绳钓捕鱼法不可避免地会给伪虎鲸这种需要呼吸空气的哺乳动物带来两种后果：要么因挣脱不了鱼钩而死亡，要么因鱼钩穿过它们的肠道而忍受剧痛。这种捕鱼法使“濒危”的伪虎鲸离“灭绝”不过咫尺之遥。

2018 年 7 月，美国国家海洋渔业局宣布，暂停“南部禁区”即夏威夷主岛链以南 75~200 英里（120.7~321.9 千米）区域内的延绳钓作业，直到 2018 年 12 月 31 日。据报道，此前已有 4 头濒危伪虎鲸因被鱼钩钩住而严重受伤，随时有生命危险。伪虎鲸保护团队正努力寻找解决方案，以便让渔民在不伤害这些鲸鱼的前提下继续捕鱼。幸而有罗宾、丹尼尔、金伯利、科林等鲸鱼专家们，任凭巨浪滔天、风吹浪打，他们也心甘情愿日复一日、年复一年地奔波在浩瀚无边的太平洋。他们的付出有了回报，这些拥有自己的家族、文化和生活方式的巨型哺乳动物的生存环境正在慢慢好转。

我们和这几头伪虎鲸多待了一会儿。我们心里清楚，每与它们多一次互动就有可能多解开一个关于这个物种的谜团，就像在一幅拼图上多拼出一块。罗宾最终决定停止搜寻那头安着追踪器的伪虎鲸。虽然没有找到它，但它帮了我们大忙。“要不是它身上的追踪器，我们还到不了这里呢。”罗宾说。

大家拼命寻找却连它的影子也没找到，这让我意识到，要解开一个谜团有多么困难。

几个月后，也就是2018年2月5日，罗宾给我发了一封邮件，讲述了追踪的伪虎鲸的最新进展。他写道："我觉得你会感兴趣。我们从去年 11 月开始追踪的两头伪虎鲸那里不断接收到了新的数据——附件中地图显示的是它们过去 20 天的活动踪迹。"

这是一张包括瓦胡岛和莫洛凯岛的地图，两座岛屿之间是宽 26 英里（41.8 千米）的凯威海峡，那是一片开放水域，因人类的横渡而闻名。有数据上传的区域，红线来回交叉，间或有些蓝点，说明这两头被追踪的伪虎鲸的活动范围主要在瓦胡岛和莫洛凯岛的迎风面（北部）以及凯威海峡内侧。对伪虎鲸而言，这似乎是一条相当普通的路线，而且似乎证实了它们喜好的活动区域是在离岸 15~75 英里（24.1~120.7 千米）处。

罗宾和他的团队于 2010 年在夏威夷岛追踪的另一头鲸鱼游到过毛伊岛、拉奈岛、瓦胡岛，并在 4 天时间里返回了莫洛凯岛，行程约 280 英里（450.6 千米），这也说明伪虎鲸的活动范围相当广。

卫星追踪器能帮助罗宾和其他研究人员更快地收集信息。如果只通过身份照来研究伪虎鲸，恐怕需要花费更长时间、投入更多精力。

研究人员收集的这些信息对濒危伪虎鲸关键栖息地的划定

至关重要。每当要开发与渔业相关，特别是与延绳钓渔业相关的新项目，或者开展水利建设、能源开发、水污染的潜在来源调查、军事活动（如声呐范围测试）等项目时，就会考虑伪虎鲸的栖息地这一因素。

我们驶向近岸更平静的水域，终于能休息一会儿了。之后罗宾掉头向东北方向驶去，准备走另一条调查路线。当我们驶到瓦胡岛背风面和怀厄奈山脉之间时，又遇到了另一小群糙齿海豚，顺便拍摄了这些海豚的身份照。这群外表奇特的海豚，长着粉粉的嘴唇和鼓鼓的眼睛。它们从我们的船边游过，我们的出现丝毫没有打扰到它们。

截至下午 1 点，我们已经在外面待了 7 个小时，于是准备返回科奥利纳港。这时，我们注意到两艘看起来像游艇的轮船朝我们的方向驶来。轮船的主甲板上有一个船舱，顶部有一个驾驶桥楼，船的两边各有一根长杆伸出来，两根长杆之间保持着固定的距离，就像在进行水下勘测一样。

“是捕捞金枪鱼的船。”罗宾说。他告诉我们，这些轮船拖着长长的捕鱼线，上面布满了钩子，用来引金枪鱼上钩。“他们在寻找点斑原海豚，因为点斑原海豚喜欢捕食金枪鱼，因此渔民的鱼钩有时也会钩住它们。” 罗宾补充道。

我环顾轮船的四周，看看有没有海豚。果真，一群点斑原海豚正随船而行。一想到尖利的鱼钩穿透海豚敏感的皮肤，我就有些不寒而栗。

快回到科奥利纳港的时候，我突然想起在深海生活的喙鲸。我在海上的第二天即将结束了，还没有遇到一头喙鲸。不过，我给自己打气说：“跟着专家们出海一定会有收获的。明天又是新的一天。”

当天下午剩下的时间，我一直坐在科奥利纳度假区一个人造潟湖的沙滩上。科奥利纳度假区是一片狭长的高端酒店区，奥拉尼迪斯尼度假村也在其中。其实这不是我的风格，不过，从阴冷潮湿的西雅图来到温暖的夏威夷，好好享受一下也不错。每当秋天来临，携带着巨量水汽的“大气河流”会从夏威夷一直延伸到美国西海岸，带来强降雨，这种大气河流现象在美国被称作“菠萝快车”。位于西海岸北部的西雅图也难免遭受暴雨袭击。我喜欢这暴雨，喜欢它带来的热带空气。过去几年我在夏威夷对此早已习以为常。

我于 2004 年 12 月出院，4 个月后，我的身体完全康复了，旅游已经不是问题。这是我患病以来第一次出行，毛伊岛是我此行的目的地。我向往在大海里畅游，渴望潜到水下听座头鲸歌唱。但是，真要到水下去听一听鲸鱼的声音，我得重新评估自己的身体状况。在变幻莫测的大海里游泳，我能吃得消吗？

一到毛伊岛，我就去了基黑的卡茂乐海滩公园。站在齐腰深的海水里，双脚埋在水底的沙子里，我鼓足勇气准备潜入水中。我先深吸了一口气，再戴上面镜。我的肺还行吧？我穿上脚蹼，身体前倾，向海底潜去，越潜越深。

冰凉的海水滑过我刚刚痊愈的身体。在海底，我觉得自己的四肢强壮有力。每当我感觉自己肺部有些缺氧时，就浮上海面，像海豚一样深吸一口气。我偶尔仰面漂浮，凝望夏威夷蔚蓝的天空。我能行。

我深呼吸，准备做一次更长时间的下潜。那里会有座头鲸吗？它们在歌唱吗？再次深吸一口气，我潜了下去。

潜到水下 6 英尺（1.8 米）后，我已经游得很有节奏了，使用的泳姿是我第一次听到鲸鱼叫声时使用的“海豚式打腿”。呼吸管里全是水，我的世界一片寂静。

我听到了！座头鲸的歌声在我耳边此起彼伏。我激动得心脏都要跳出来了，于是又一次浮上去换气。再次下潜时，我头朝下，像鲸鱼潜水一样，然后竖起耳朵听。

响亮的呻吟声，啾啾的鸟鸣声，嘎吱嘎吱的开门声，哞哞的牛叫声，声声入耳。我莞尔一笑，海水立刻灌进了我的面镜。我再次浮上海面呼吸。这些鲸鱼宛若合唱团的天使，带给我无尽的快乐，让我又回到了从前。

接下来的几年，我的生活发生了翻天覆地的变化。我离婚了，成了一个单亲妈妈；我失业了，最终重拾因工作而放弃的写作。我不再研究鲸鱼，而是投身于更广阔的野生动物世界，探索猫头鹰的隐秘生活。我和埃莉开始参加一年一度的华盛顿斯特希金亲子背包旅行，我找到了荒野，也找到了真正活着的感觉。

我学着对自己多一些宽容，学着对这个世界满怀兴趣和敬畏，而不是总在挑错。我更多地亲近自然，再次去寻找鲸鱼，是它们让我第一次体验到如何与地球上的野生动物相处。几年来，我参加马拉松、铁人三项等运动项目，看我的身体能否吃得消。我逐渐意识到是我的身体拯救了我，意识到只有身体足够强壮才能扛住所有的病痛和打击，我的身体并不像我想的那样不堪一击。

如今，我静坐在瓦胡岛的海滩上，享受着深海寻鲸之旅的休憩时光。时光荏苒，往事历历在目。回望生命中的那场劫后重生，我感叹它像上天赠予我的一份厚礼，恍然觉得那是地球母亲揽我入怀，强制我立刻休整，给我一次选择的机会。此时，坐在海滩上的我已脱胎换骨，曾经的我已随风远去。

我坐在海边，沉浸在喜悦中，忘了看跃出海面的座头鲸。不过，没有座头鲸跃出海面，夏威夷就显得没有生机。我喜欢一抬眼就看到座头鲸，喜欢这不期而遇的时刻。

我习惯性地扫视了一下海面，看看有没有水雾。远处出现了一片低矮密集的水雾，我的心怦怦直跳。我从包里掏出双筒望远镜，对着海水仔细察看。现在是 11 月上旬，观看座头鲸为时尚早，我没有指望能看到。我又看到了几片水雾，看到一头黑色的鲸鱼拱起背，抬起尾鳍，来了一次更长时间的下潜。毫无疑问，那是一头座头鲸。我盯着海面，前后左右搜寻。突然，它从自己的海洋王国里一跃而出，凌空于波涛之上，接着来了一个顺时针旋转，修长的胸鳍像舞者的手臂一样优雅地放在身体两侧。我不禁为它的精彩表演拍手叫好，似乎我是这场精彩表演的唯一观众，似乎它是专门为我而表演。

和卡斯卡迪亚研究团队的成员一起在夏威夷考察的第 3 天，罗宾没有加入我们，而是留在岸上处理他的行政事务。今天由丹尼尔带队开启寻鲸之旅。一夜之间，风向变了，深海水域比平时平静得多。伪虎鲸身上的卫星追踪器仍在传递位置信息，我们开始寻找它们。丹尼尔希望为另一头鲸鱼安上追踪器。

我们驾船前往追踪器传回的坐标位置，这一次，我们来到了离岸 20 英里（32.2 千米）的水域，那里的海水大约深 8500 英尺（2.6 千米）。这是喙鲸的地盘，我希望今天有幸能看到一头。

喙鲸属于齿鲸亚目喙鲸科动物，是鲜为人知的适应深海生活的鲸鱼，可能生活在大陆架和陡峭的海洋岛屿附近。在今天已知的 90 种鲸目动物中，有 22 种是喙鲸。

与其他鲸鱼相比，喙鲸的外表看起来相当奇特，它们的下颌弯曲上翘，雄性喙鲸的牙齿像从下颌中突出来一样。尽管它们属于齿鲸，但大多数喙鲸只有一对牙齿。只有雄性喙鲸的牙齿会发育到突出牙床。喙鲸主要以各种鱿鱼为食，采取吮吸式进食法。它们大部分时间都在水下，觅食时潜入水下的时间为1~2 小时，所以很难在海面见到它们的身影。鉴别大多数喙鲸的方法是从其皮肤或骨骼中提取基因样本。

有时，获得喙鲸的牙齿或骨骼并不难，尤其是当喙鲸死后被海水冲到海滩上时，它们的牙齿或骨骼唾手可得。1963 年，一头死亡的喙鲸出现在斯里兰卡的海滩。海洋生物学家保卢斯·德拉尼亚加拉（Paulus Deraniyagala）发现了它，并认定它是一个新物种。他把这种喙鲸命名为“霍氏中喙鲸”，俗称“德拉尼亚加拉喙鲸”。两年后，一头类似的鲸鱼被冲上岸，处理它的生物学家们的观点与德拉尼亚加拉的观点产生了分歧。根据它银杏叶形状的牙齿，他们认为这个物种是以前命名过的“银杏齿中喙鲸”。由于从来没有人见过这两种鲸鱼的活体，所以将其归为银杏齿中喙鲸并没有引起什么争议，这实际上否定了德拉尼亚加拉的发现。

40 年后，也就是 2003 年，一位海洋生物学家访问吉尔伯特群岛时，收到了当地人赠送的鲸鱼干，争议由此爆发。他把鲸鱼干的样本交给新西兰奥克兰大学的科学家，他们可以通过基因检测确定鲸鱼干的来源。但是鲸鱼干的 DNA 样本和任何已知的鲸鱼 DNA 样本都不匹配。因此，科学家们继续寻找其他与之相匹配的种类。2005 年，他们从一头死于夏威夷东南部巴尔米拉环礁附近的鲸鱼身上采集了骨骼和牙齿的 DNA 样本。直到 2009 年，随着最后一道难关的突破，谜底终于揭晓。当时另一头鲸鱼被冲到印度洋的塞舌尔群岛附近，离夏威夷大约 10000 英里（16093.4 千米）远。这头鲸鱼的 DNA 样本与德拉尼亚加拉喙鲸的 DNA 样本相匹配，于是，这种深蓝色的德拉尼亚加拉喙鲸成了喙鲸属（鲸目下最大的一个属）的第 15 个物种。科学家们将研究成果发表在一篇题为《为 1963 年德拉尼亚加拉发现的霍氏中喙鲸复名：热带印度洋–太平洋喙鲸的一个新物种》的论文中。

2014 年，一位生物老师在阿拉斯加州普里比洛夫群岛的圣乔治岛扎帕德尼湾的岸边，发现了科学家们从未见过的另一种喙鲸的活体，并告知了当地的一位海洋哺乳动物学家。这位动物学家很快就确定了这头鲸鱼的分类，将其归为贝氏喙鲸。但是进一步的研究发现，这头鲸鱼体形过小，颜色和贝氏喙鲸不一致，背鳍的形状也不匹配，不可能是贝氏喙鲸。海洋生物学家米歇尔·里奇韦（Michelle Ridgway）随后来到这里采集了鲸鱼皮肤的基因样本，寄给美国国家海洋和大气管理局西南渔业科学中心的菲利普·莫林（Phillip Morin）。莫林发现该样本与 2013 年被冲到日本北海道的 3 头不知名的喙鲸基因关系最为密切。他还发现了另外 4 个与在圣乔治岛采集的原始样本相匹配的样本，其中一个是 2004 年被冲上岸的鲸鱼的骨粉样本，现在这头鲸鱼的骨骼悬挂在阿拉斯加荷兰港一所学校的体育馆里。2016 年，《海洋哺乳动物科学》杂志刊载的一篇题为《北太平洋贝喙鲸属的遗传学结构与新物种的遗传证据》的文章中公布了这一发现。

这一尚未命名的新物种，属于贝喙鲸属，与阿氏贝喙鲸关系最为密切。它是日本渔民经常谈论的一种黑鲸，形状奇特，体形较小。日本渔民将其称为“卡拉苏”（Karasu），意思是“乌鸦”，除此之外，人们对这种鲸鱼知之甚少。4~6 月，人们偶尔会看到它们在位于日本和俄罗斯之间的根室海峡一带活动。“一想到 2016 年我们仍在探索世界上的新物种，甚至是长 20 英尺（6.1 米）以上的哺乳动物，我就觉得莫名兴奋。”莫林对《国家地理》杂志的记者说。

据说夏威夷有 5 种喙鲸，分别是柯氏喙鲸、柏氏中喙鲸、朗氏中喙鲸、银杏齿中喙鲸和哈氏中喙鲸，但只有前 3 种经过确认。然而，新的回声定位技术得以记录喙鲸发出的咔嗒声，每种喙鲸发出的咔嗒声各不相同。

在夏威夷群岛周围，柯氏喙鲸、柏氏中喙鲸较为常见，这种“常见”是相对于喙鲸整体上较为罕见而言。这两种喙鲸中，柯氏喙鲸体形较大，长达 23 英尺（7.0 米）。它们习惯跃出海面，所以易于被发现——这依然是相对而言。柯氏喙鲸也是跳水冠军。2014 年，在美国学术期刊《公共科学图书馆·综合》（*Public*

Library of Science One）上发表的一项题为《首份柯氏喙鲸长期行为研究报告显示其打破了潜水纪录》的研究表明，它的潜水深度超越了前冠军南象海豹。据记载，南象海豹在 120 分钟内下潜了 7834 英尺（2387.8 米）。而在加利福尼亚州南部圣尼古拉斯海洋盆地附近，卫星对 8 头柯氏喙鲸进行了 3 个月的追踪，深度记录仪收集的数据显示，1 头柯氏喙鲸一次下潜的持续时间长达 137.5 分钟，下潜深度为 9816 英尺（2991.9 米）。柯氏喙鲸之前下潜的最高纪录是 6214 英尺（1894.0 米）。

柯氏喙鲸是太平洋乃至全世界范围内广为人知的喙鲸，因为它们分布最广，从极地到热带都有分布。令人痛心的是，柯氏喙鲸在美国海军进行中频声呐测试期间大量搁浅事件同样广为人知。

罗宾·贝尔德和卡斯卡迪亚研究团队在夏威夷岛附近对柯氏喙鲸进行了研究。他们拍摄了大约 100 头柯氏喙鲸的身份照，后来再次遇到了其中的 26 头，以至于罗宾坚信夏威夷岛有常住的喙鲸。然而，他们从未在瓦胡岛见过任何喙鲸，如果有，它们很可能是柏氏中喙鲸。

柏氏中喙鲸体长 12~15 英尺（3.7~4.6 米），体形比柯氏喙鲸略小，在喙鲸中知名度排在第二，无论在南半球还是北半球，无论在温带水域还是热带水域，都有它们的身影。像糙齿海豚一样，它们身上也有被雪茄达摩鲨咬伤后留下的圈状伤痕，使黑色的皮肤上有白色的锯齿状圆点。柏氏中喙鲸在 9~10 岁达到性成熟，雌性柏氏中喙鲸一般在 10~15 岁生出头胎幼鲸，除此之外，人们对它们的生活几乎一无所知。

美国国家海洋渔业局的一项调查显示，据估算，2010 年在夏威夷群岛周围的柏氏中喙鲸的数量为 2100 头。然而，在 4 年的时间里，罗宾和他的团队只见到了 140 头。他认为这 140 头柏氏中喙鲸来自两个不同的种群：一个种群生活在海岛周围，一个种群生活在较远的海域。由于个体数量如此之少，罗宾担心所有柏氏中喙鲸种群可能都受到了美国海军中频或低频声呐测试的影响。

在我与卡斯卡迪亚研究团队在瓦胡岛一起工作的最后一个早晨，我扫视了一下相对平静的海面，寻找着任何可能在移动的物体。一束阳光穿透云层，落在海面上，闪烁着点点银光。能见度不太理想。从 20 英里（32.2 千米）外回望海岸，乌云像厚厚的灰色幕布一样遮住了部分岛屿。很快，暴风雨将吞噬整座岛，并向我们的北方移动。

就在那时，一个黑色的背鳍露出了海面。“10 点钟方向，400 米处，有情况！”科林喊道。

“是我们追踪的那头鲸鱼。”丹尼尔盯着数据接收器说。

3 头伪虎鲸在我们四周围成了一个大圆圈。其中一头年幼的伪虎鲸大着胆子游近了些，跟在船后。我能看到它圆圆的前额、修长的黑色身体和伪虎鲸特有的“S”形胸鳍。金伯利和科林给它拍身份照，相机咔嚓咔嚓响个不停，我和它四目相望，打量着彼此。我没想到竟然能与深海鲸鱼如此近距离接触。

另一头体形更大的鲸鱼在我们右边稍远处浮出海面，十字形花纹的背鳍清晰可辨。“它是我们昨天看到的那头伪虎鲸。”金伯利透过相机的长焦镜头看得一清二楚，它是 HIPc204。

HIPc204 和我们同行了一段后潜入水中。我的目光追随着它，忽然看到它黑色的身影径直向我们游过来，钻到船下。我跑到船的另一侧，刚好看到它从船的左侧钻出来。

“我想给它安个追踪器。”丹尼尔说。

我朝前面走了几步，站在船长的座椅旁，给丹尼尔让路。科林现在正在驾船，他此前从夏威夷岛获得了船舶驾驶证。金伯利在船头汇报着鲸鱼游动的方向，科林尽量让船与鲸鱼保持同行。

我在心里默默地跟 HIPc204 讲述我们的计划，请求它允许我们给它安上追踪器，告诉它这样做最终会帮到它们整个物种。我这么做，更多的是想让自己感到好受点儿。我深知，安卫星追踪器或多或少会伤害鲸鱼的身体，有时候还会造成感染，引起疼痛。好在每个飞镖都经过消毒，安放的每一个步骤都经过深思熟虑，防止穿刺某一部位造成感染。但是，正如有些人所说，如果有可能，我希望给鲸鱼一个选择的机会。

我从未想过跟任何人，尤其是船上的这些人，谈论我的精神信仰，我担心他们说我是个疯子。但是，我现在的身份不再是科学家，而是一名作家，我愿意探索什么就探索什么。这不会伤害任何人吧？这些鲸鱼能通过谢尔德雷克的形态共鸣感知我们的意图吗？

HIPc204 没有游走。也许它愿意做我们的研究对象；也许它对我们的计划一无所知，当丹尼尔的飞镖射到它身上后，它才会大吃一惊。

丹尼尔从船尾的黑箱里取出并打开飞镖枪，让枪口朝上，小心翼翼地走到船头。他靠在高架台上，稳住自己。科林调整船的位置，紧跟着 HIPc204。

丹尼尔举枪瞄准。海面情况更糟糕了，船摇摆了一下。HIPc204 再次浮出海面时，丹尼尔再次举枪瞄准。他扣动扳机时，我屏住了呼吸。飞镖嗖地飞了出去，碰到了鲸鱼的背鳍，擦了个边，弹了出去。HIPc204 潜入了深水中。追踪器掉进了海里，等待寻回。

“我不经常失手的啊，”丹尼尔说，“都擦着它的背鳍了。”

等它再次浮出海面，我们看了一眼它的擦痕。还好，不严重，只是擦破了点儿皮。我们今天不想再试了。科林回到船头，丹尼尔回到他的座位上，我也回到船尾。海浪越来越大，我们准备返航。

就在那时，我听到一声尖利的叫声，和儿时爸爸在某处呼唤我的声音一样。我环视海面，什么也没看到。也许是我出现幻觉了吧。我回过神，重新盯着船只行进的方向。接着，我又听到了那声音，尖利而悠长。

“有人听到声音吗？”科林在船头问。

“我听到了，”我回应道，“听到两次，那是什么？”

“有点儿像科奎鹛鸮蛙，”科林说，“它们经常在夏威夷岛整夜鸣叫。”

“声音来自船舱，”丹尼尔说，“应该是鲸鱼。”我浑身一颤，心脏都快跳出来了。鲸鱼在试图跟我们交流吗？我不确定，只是有一种奇怪的感觉挥之不去。这种感觉不是说会有什么凶兆出现，更像一种心照不宣。我想知道它们在说什么。也许它们对人类所做的努力表示感谢。很多事是超出我们认知范围的。

我们选择了另一条路线继续调查。沿着这条路线，我们来到了科奥利纳港的南侧，不过离海岸还很远。暴风雨来得快去得也快，我们淋了雨，不过我不在乎，夏威夷的雨也是暖暖的。船在汹涌的波涛中左摇右晃，我又想闭上眼睛了。我用力嚼了几块饼干，继续扫视着船后的海面。

有好长时间，眼前除了海水还是海水。天色渐晚。这是我在这艘船上的最后一天了，船朝岸边驶近一点儿，我见到喙鲸的希望就渺茫一点儿。幸好，到港口还有一个多小时的时间。波光粼粼的海面在很大程度上阻碍了我们的观察。一扭头，我看到了另一名特邀观察员卡丽莎·卡布雷拉（Carissa Cabrera），她是瓦胡岛海洋哺乳动物应急救援所的实习生。她似乎在远眺什么。

“看到什么了？”我问。

“看到那个了吗？”她指着远处随波起伏的一个黑色物体说，“我看到四五次了。”

“啊，看到了。”我说。那东西乍一看有点儿像某种海洋哺乳动物黑色的大长背。

“看到什么了？”丹尼尔听到我们简短的对话后问。

“一个身躯，”我说，“不知道有多远。”我无法在海平面上准确判断距离，真丢人。丹尼尔顺着我说的方向看过去。

“喙鲸！”他喊道。我们随即掉转方向，向喙鲸驶去。

“在 800 米外！”科林在船头喊道。

“准备好追踪器。”丹尼尔说。

喙鲸应该就在我们前方不远处，我伸长脖子，却什么也没看到。我盼着科林能再一次说出那头鲸鱼的位置，他却没有。我们驶到鲸鱼出现的地方时，那里只剩下一片寂静。我们把船停下来，静静等待。

“四下看看吧。”金伯利说。我站到船的高处，希望能看得远一些。

“你看清那头鲸鱼了？”我问丹尼尔，我想知道他是不是确定那是一头喙鲸。

“没错，看清了。”他说。

“那这次我有机会一睹柏氏中喙鲸的真容了？”我说。柏氏中喙鲸在我列的观鲸清单上——在追求准确性方面，我依然不失科学家本色。

“没错。”他说。

我们百无聊赖地等着，时间一分一秒地过去了。这些鲸鱼能在水下憋气一个多小时。海面到海底的距离可不近，我们所在的位置，到海底有 7874 英尺（2399.1 米）。

“它们还会在相同的位置浮出海面吗？会不会从水下游走？”我有些担心再也看不到那些鲸鱼了，那么我将错过唯一一次与喙鲸相遇的机会。

“问得好，我们对那些鲸鱼还不太了解。”丹尼尔说，他准备放下飞镖枪。

时间差不多了，该回去了。就算只是瞥了一眼深海中最神秘的庞然大物，我也很开心了。

我们朝科奥利纳港飞驰而去时，大家都认为刚才看到的是一头柏氏中喙鲸，毕竟，柏氏中喙鲸是瓦胡岛最常见的喙鲸。

7 天后，卡斯卡迪亚研究团队在离我们见到喙鲸不远的地方又遇到了另一群喙鲸。正如罗宾在瓦胡岛为期 19 天的考察总结中写的:“本次考察最不寻常的事就是 11 月 18 日我们在檀香山南部看到了一小群柯氏喙鲸。多年来（2002 年、2003 年、2010 年、2015 年、2016 年、2017 年）我们一共在瓦胡岛搜寻了 83 天，行程达 9000 千米以上，这是我们第一次在岛上看到柯氏喙鲸！”

我在船上的最后一天我们遇到的是什么种类的喙鲸，现已无从知晓，这件事一直深深地困扰着喜欢追根究底的我。也许是柏氏中喙鲸，也许是柯氏喙鲸，甚至可能是某个未知的物种。虽然发现新物种的可能性不是很大，但话说回来，在太平洋的海底世界，一切皆有可能。

更远：沙漠腹地也有鲸

灰鲸

（拉丁学名：*Eschrichtius robustus*）

我眺望着太平洋，海浪一浪接一浪，拍打着我脚下怪石嶙峋的海岸。太阳从我身后冉冉升起，阳光洒在翻涌的海浪上，泛起粼粼波光。我举着望远镜，寻找东太平洋灰鲸在蓝色的大海中喷出的棉花状心形水雾。我再次拾起了博物学家的身份，将在洛基溪州立风景区接待一些到俄勒冈海岸观鲸的游客。1.8 万头灰鲸将从墨西哥下加利福尼亚州向北迁徙，吸引了 2.5 万名游客前来观看。作为俄勒冈公园与娱乐管理部开展的为期 9 天的观鲸解说项目的志愿者，我将用 3 天的时间，回答游客提出的关于鲸鱼的各种问题，并给他们解说看到的鲸鱼。美好的一天，从早晨开始了。

在俄勒冈海岸观看灰鲸迁徙的传统始于1978年，当时俄勒冈州纽波特镇哈特菲尔德海洋科学中心的唐·贾尔斯（Don Giles）前往亚奎纳岬清点濒危的灰鲸数目时想到了一个点子：培训志愿者解答游客观看灰鲸时的疑问。于是观鲸解说项目应运而生。

通常灰鲸一年大规模迁徙两次。一次在圣诞节和元旦之间，它们向南迁徙；一次在3月的最后一周，也是俄勒冈州的春假期，它们向北迁徙。这两个时期恰恰是游客去海岸度假的高峰。在华盛顿州和俄勒冈州的24个州立公园中，从华盛顿州伊尔沃科的失望角到俄勒冈州与加利福尼亚州边界附近的哈里斯海滩州立公园，每个海滨公园都因地制宜，提供离岸5~33英里（8.0~53.1千米）不等的近海或深海游。2018年3月，200多名志愿者每天从上午10点至下午1点在观鲸站轮值，我是其中的一员。我们发现鲸鱼有时游得离岸边太近，几乎要触礁搁浅了。

唐·罗思（Don Roth）是我所在的洛基溪州立风景区观鲸站的负责人，这个风景区是俄勒冈州迪波湾南部的第一个公园。迪波湾被誉为“俄勒冈海岸观鲸之都”。唐是有备而来的。每天，他把自己的房车停在停车场，就面朝大海开始一天的工作。他从储藏室拖出一张桌子，在上面摆一个防水显示器，显示器上显示的全是有关鲸鱼的信息。

今天阳光明媚，凉爽舒适。“比昨天的倾盆大雨好多了。”

唐说。与我们一起的志愿者还有特里·约翰斯顿（Trish Johnston）和奥纳·麦克法兰（Ona McFarlane）。大家和游客谈论着鲸鱼，眼前是一望无际的大海。

“看到鲸鱼了吗？”一位男士牵着狗从我们身边路过时问道。

“哦，看到啦。那儿就有几头。”奥纳指着不远处岩石林立的海边说。

“我住在北边的格伦伊登，离这里大约5英里（8.0千米），”那位男士说，“我在那里看见过一头母鲸和一头幼鲸。如果我走过去，可以直接摸到它们。”说着，他从口袋里掏出手机，翻出他拍的照片。果不其然，照片上有一头幼鲸，沙滩上的白色浪花包围着它，后面是一排排海浪。

迪波湾及其周边地区，包括格伦伊登海滩，是俄勒冈海岸的一部分。聚集在这里的鲸鱼似乎比其他地方的多得多，观鲸者无论在岸上还是在海上都可以近距离观察。夏季，一群约200头灰鲸组成的“太平洋海岸觅食群”——当地人称之为“居留灰鲸”——沿着美国俄勒冈州和华盛顿州，以及加拿大不列颠哥伦比亚省的海岸线一路觅食。有几家观鲸公司在面积为6英亩（24281.1平方米）的迪波湾港口运营，这个港口被称为“世界上最小的通航港口”。在州立观鲸中心，游客能够俯瞰迪波湾。这里有视野开阔的大窗户，还为游客提供了180度无障碍观鲸平台，游客可以看到附近水域的灰鲸喷出的水雾。

海洋生物学家卡丽·纽厄尔（Carrie Newell）是第一个发现为什么大量鲸鱼会在俄勒冈海岸觅食的人。卡丽创办了迪波湾鲸鱼博物馆并经营着鲸鱼研究生态游业务。最初遇到这些居留灰鲸时，她很好奇为什么它们总在迪波湾附近的海藻地带徘徊。众所周知，灰鲸会侧着身子吸食海底的泥浆和片脚类动物，但是在这里，海底全是岩石，没有可供它们食用的片脚类动物。

于是，卡丽穿上她的湿式潜水衣，一头扎进了灰鲸的世界。一开始，四周一片混浊，等到眼前慢慢清晰起来，她发现周围全是糠虾。她推测这些灰鲸以此为食。

为了证明自己的猜想，卡丽采集了鲸鱼的粪便样本。果然，她通过显微镜观察发现，鲸鱼的粉色粪便中残留着一些糠虾。她的发现让我们对灰鲸的食物种类有了更多的认识。事实证明，它们的食物种类比我们之前知道的更加多样化，或者多元化。这一认识有助于解释另一个灰鲸之谜。

向北 300 英里（482.8 千米），在我家附近，灰鲸有另一个神秘的传统。我在俄勒冈海岸观察鲸鱼时发现，每年春天都会有一小群灰鲸在普吉特海湾停留。在向北迁徙的漫长旅途中，它们已久未进食。它们游到美国大陆的西北角——华盛顿州奥林匹克半岛的弗拉特里海角，向右转，然后向东游 102 英里（164.2 千米），穿过胡安·德富卡海峡，在汤森港附近的威

尔森岬再右转。最后，它们游到了长 58 英里（93.3 千米）的惠德比岛的一半，穿过阿德默勒尔蒂湾，在惠德比岛的最南端第一次左转。接着它们向东北方向游去，穿过马科尔蒂奥和克林顿镇之间的河流，来到华盛顿州埃弗里特市附近的斯诺霍米什河三角洲地区——那里是它们春季的栖息地。

惠德比岛附近有一个叫兰利的小镇，在这里能够俯视萨拉托加海峡，地理位置得天独厚，仿佛专门为一年一度来普吉特海湾的观鲸客而设。兰利镇每年 4 月都会举行“鲸鱼节庆祝游行”，庆祝灰鲸归来。1097 名兰利市民把灰鲸当作季节性荣誉居民。这里的常住居民、走亲访友的客人和络绎不绝的游客聚集在兰利卫理公会教堂，制作游行服饰，绘制面部彩绘，展示鲸鱼科普用具。当然，少不了各种小吃为这场盛会增添趣味。

有一年，我有幸参加了这场狂欢。人们挤在街道两旁，等待着游行的队伍。一辆当地警车开路，车身涂上了黑白相间的虎鲸图案。游行开始了，整个小镇沸腾起来。人们装扮成各种海洋生物，如水母、海星、鲨鱼、虎鲸、灰鲸等，一一走上第一街道。一个真鲸大小、栩栩如生的灰鲸模型被高高举起，开始了类似于中国舞龙的表演，这是游行狂欢的压轴戏。游行者和观看游行的人们一起走到海边的鲸鱼铃铛公园为鲸鱼祈福。铃铛上方有一个牌子，上面写着“看到一头鲸，敲响一次铃”。如果铃声响起，镇上的人就会知道，有人在岸边看到了鲸鱼。

为鲸鱼祈福的传统始于 2002 年，祈福活动由虎鲸网举办。

虎鲸网是惠德比岛的一个非营利组织，是普吉特海湾的观鲸交流中心。它的广告语“看到鲸鱼了？”在当地随处可见，上面有免费热线电话 866-ORCANET。这条热线最初是为方便人们报告观察到的居留虎鲸群的情况而开通的，现在，不管人们看到什么种类的鲸鱼，无论是灰鲸还是虎鲸（包括居留鲸和过客鲸），无论是座头鲸还是小须鲸，甚至是海豚，都可以拨打。拨打者需要报告看到的鲸鱼的种类、数量、行进方向、行为、位置、个体特征以及其他任何相关信息。这些信息随后会发布在虎鲸网的脸书账号上，并发送给卡斯卡迪亚研究中心、鲸鱼研究中心、西北渔业科学中心、鲸鱼博物馆等研究机构。这些简单的、人人可参与的观测活动变成了全民科普活动，使得普吉特海湾的“鲸鱼铃声”声名远扬。

1990 年春天，两头灰鲸首次造访普吉特海湾——一头以著名的女飞行员埃尔哈特（Earhart）的名字命名的雌灰鲸和一头以著名的南极探险家沙克尔顿（Shackleton）的名字命名的雄灰鲸来到萨利希海觅食。第二年，它们又来了，还带着另外 4 头灰鲸。

20 世纪 90 年代初，很多灰鲸在美国西海岸被饿死。1999~2000 年，另一个“非正常死亡事件”夺去了东太平洋近 ⅓ 的灰鲸的生命，这 6 头灰鲸就在此时进入普吉特海湾。那些年，所有进入普吉特海湾的鲸鱼都幸存了下来。

从这几头灰鲸首次来到这里后，卡斯卡迪亚研究中心的约翰·卡拉蒙基迪斯就一直研究它们。他认为，另外 4 头灰鲸从埃尔哈特和沙克尔顿那里学会了在浅滩中觅食。现在，每年的 3~5 月，以西雅图职业足球队“西雅图海湾人”命名的 10~12 头灰鲸都会来到埃弗雷特岛和惠德比岛南部之间的海域。这些灰鲸与在太平洋海岸发现的 200 多头居留灰鲸习性迥异。在普吉特海湾逗留几个月后，它们会继续向北远游，直到抵达北冰洋的楚科奇海。

约翰认为这种觅食行为极其危险，长 40 英尺（12.2 米）的鲸鱼在涨潮时也仅有 6 英尺（1.8 米）深的海水中觅食，很容易搁浅。它们为何冒着生命危险在此地觅食？为了解开这个谜团，约翰和他的团队在这些灰鲸的背上安了 11 个吸盘式追踪器，用以收集影像数据和水深数据。最终，谜团解开了：那里有幽灵虾，它们生活在自己挖的洞穴的泥浆中。幽灵虾是灰鲸的另一种食物，与灰鲸常吃的片脚类动物有很大不同。

有一天，我到奥林匹亚的卡斯卡迪亚研究中心拜访约翰，他给我看了几张灰鲸在泥浆中觅食形成的觅食坑的照片，这些觅食坑形成于 2005~2015 年。退潮后，通过“谷歌地球”提供的卫星图像可以看到灰鲸从海底捞起泥浆和幽灵虾后形成的洼地。我盯着电脑屏幕上近 1.4 万个白点，惊讶得说不出话。每一个白点都表明灰鲸在那里吃过午餐。数据表明，10 年间，灰鲸在这里一共吃掉了近 330 吨幽灵虾。

约翰在观察灰鲸的觅食行为时，有一个新的发现——灰鲸有自己的社交生活。科学家们一直认为灰鲸独来独往，没有发现它们之间有互动行为。但是约翰从吸盘式追踪器录的视频中却看到了不一样的情况。灰鲸之间有大量的接触，在浅滩觅食时，它们会你碰碰我、我碰碰你，你摸摸我、我摸摸你。退潮时，它们会回到深水区，等待下一次涨潮和进食的机会。在海底等待的这段时间，它们会待在一起，做出一些看起来像人类社交的行为，这些行为从未有过记载，在觅食区更是闻所未闻。人类在没有发现鲸鱼的觅食地之前，通常很难知道它们在水下做什么，所以追踪器搜集到的任何信息都显得极为珍贵。

迁徙的灰鲸也会出现在加利福尼亚海岸。来自美国鲸目动物协会卡布里洛观鲸项目的工作人员以及鲸鱼爱好者等训练有素的志愿者们，站在帕洛斯弗迪斯半岛的文森岬自然中心的露台上，拿着双筒望远镜和瞄准镜，观察着路过的灰鲸。当年 12 月 1 日，灰鲸开始向南迁徙；次年 5 月 15 日，灰鲸向北迁徙结束。志愿者们一周 7 天，从日出到日落，报出路过的灰鲸数量，记下它们的行为方式。他们收集的信息用于帮助人们了解灰鲸迁徙路线的变化，了解渔具缠绕、船只通行等人为因素对当地灰鲸的影响以及向北长途迁徙的过程中幸存的幼鲸数量。

在这个得天独厚的观测点，志愿者们还识别并记录其他海洋生物的行为，这些海洋生物包括但不限于蓝鲸、座头鲸、长须鲸、普通海豚、灰海豚、虎鲸、加州海狮、港海豹、象海豹等。每年 4 月，在兰利镇上举行“鲸鱼节庆祝游行”的同时，一个名为“文森岬的安宁”的志愿者组织和兰乔帕洛斯威尔德斯市会在文森岬自然中心联合举办“鲸鱼的一天”庆祝活动。游客可以从各个展位上获取各种动物知识，天上飞的猛禽，海里游的鱼类，应有尽有。为孩子们准备的活动丰富多彩，大家还可以自行观看鲸鱼。总之，沿着美国西海岸，与灰鲸有关的各种活动让人目不暇接。

让我们回到 2018 年春季灰鲸迁徙期的俄勒冈海岸，当时，我们正试图解开一个有关灰鲸的谜团。“这一周，我见到很多鲸鱼游到离海岸很近的地方，之前可从没见过这样的事，”我们这个观鲸站的负责人唐·罗思说，“没在一年中的这个时候见过。”

夏季时节，我曾在这个地方见过鲸鱼在浅水区的海藻中觅食，它们很像之前提到的在普吉特海湾逗留的名叫“西雅图海湾人”的灰鲸。鲸鱼深潜之前典型的呼吸模式为呼吸 3~5 次并抬起尾鳍，但是，这些灰鲸很可能已经放弃了这种模式。我从未见过灰鲸在迁徙过程中只呼吸一次就消失 5 分钟。有时，我觉得很难分辨看到的到底是鲸鱼在喷气还是大风卷起的浪头白沫。

今天的观测条件极佳——风平浪静，鲸鱼喷出的水雾可以在海面上慢慢消散，也没有滔天巨浪将鲸鱼吞没。我在海面上搜寻，时不时看到远处湛蓝的海水中腾起的水雾。

“那儿有一头鲸鱼！”我看到有水雾腾起，忍不住大喊。此时一头灰鲸的脑袋刚刚露出海面。

它离岸边非常近，透过双筒望远镜，我能清楚地看到它身上黄色的藤壶和鲸虱，这些小型甲壳动物喜欢寄生在游动速度相对缓慢的灰鲸身上。灰鲸看起来比别的鲸鱼更像鱼。造物主在造灰鲸时仿佛刻意要让它与众不同。其他须鲸，比如座头鲸和蓝鲸，它们的头部更扁平。

“它跟绿旗子那儿的那棵树在一条线上。”我试图用岸上的标志物来描述鲸鱼在海面上的位置。

我的同事特里和奥纳正好也看到了它背上灰色的驼峰状突起。灰鲸没有背鳍，在跃出海面时，会露出驼峰状突起。深潜时，它那斑驳而光滑的尾鳍会随之抬起。

基于我们以往观察到的灰鲸行为，正常情况下它应该在3~5分钟内浮出海面。根据这头鲸鱼选择的路线来看，我觉得它应该在觅食。它离岸较近，却突然在同一个地方逗留了很久，停留的时长超过了从甲地游到乙地需要的时间。它好像在不停地进食，比我们见过的春季迁徙的灰鲸食量大很多。

在冬季迁徙的过程中，灰鲸从楚科奇海的觅食地一路向南，经过阿拉斯加北部海岸，到达墨西哥下加利福尼亚半岛靠太平洋一侧的潟湖产仔。沿俄勒冈州、华盛顿州和加利福尼亚州海岸的任何一个观鲸点，每小时都有多达30头灰鲸经过。就像座头鲸必须要到夏威夷去交配和产仔一样，灰鲸也带着同样的使命，它们脑子里只有一件事，所以它们倾向于选择一条更直接的路线去墨西哥下加利福尼亚州，这条路线会把它们带到离岸较远的地方。

春季迁徙时，每小时大概只有6头灰鲸经过，因为它们要花更多的时间赶路。由于几个月没有进食，一旦遇到食物，它们就会停下来。通常，一年的年末更容易获得食物，不过每年的情况也不尽相同。此外，春季母鲸带着幼鲸一起迁徙，行进的速度会稍微慢一些，就像母亲带着蹒跚学步的孩子赶路一样。

我们一直在观察灰鲸的迁徙情况。有时它们离海岸太近，浮出海面时我们也看不到，因为海岸上高大的岩石挡住了我们的视线。偶尔，游客说在海岸附近看到了灰鲸，就在我们右边那片陆地的对岸。

有些灰鲸离海岸那么近，很可能是为了捕食，但并非所有离海岸近的灰鲸都在捕食。很明显，有些灰鲸只是路过。我们见过两三头灰鲸幼崽组成的群体以平稳的速度游过。然而，即使是路过的灰鲸，它们的呼吸次数跟以往也不一样。这种反常的现象不时出现。

俄勒冈州立公园的一名管理员报告称，他们在迪波湾发现了虎鲸。我们觉得这是一些灰鲸离海岸近的另一种解释。我们没有在此地见过虎鲸，但我怀疑可能是虎鲸吓到了灰鲸。

3 个小时的轮值时间结束后，我去了迪波湾的观鲸中心，想看看公园管理员看到的到底是什么鲸鱼。与公园管理员兼观鲸解说项目负责人卢克・帕森斯（Luke Parsons）简单寒暄后，我得知，他确实看见虎鲸在迪波湾向北游去。“上周我们见过 3 次虎鲸，其中包括你那儿的 K 群和 L 群虎鲸。”他告诉我。他用“你那儿的”，是因为我来自普吉特海湾。他也认为他看到的那些鲸鱼好像受到了惊吓。事情变得更加扑朔迷离了。

在接下来的两天里，观鲸条件变差了。这在春天的俄勒冈海岸并不罕见。灰蒙蒙的雾气笼罩着海岸，能见度大大降低。要想在这种天气里发现鲸鱼喷出的水雾，其难度堪比从道格拉斯冷杉树上找到一只伪装的猫头鹰。加上越来越汹涌的海浪，就算有鲸鱼浮出海面呼吸，也很难看见它们的身影。

又有人报告在亚奎纳湾和波伊勒湾风景区发现了虎鲸的踪迹，但是没有一个人能够确认看到的虎鲸到底是以哺乳动物为食的还是以鱼类为食的。这对灰鲸有影响吗？对此我们不得而知。

每年都有虎鲸攻击向北迁徙的灰鲸母子的事情发生，母灰鲸因而学会了靠近岸边隐藏踪迹。有人说海浪声可以掩盖灰鲸游动和呼吸时的声音，这样虎鲸就不容易找到灰鲸幼崽。来自加利福尼亚州蒙特利的海洋生物学家南希·布莱克（Nancy Black）把灰鲸浮出海面时轻浅、谨慎的呼吸行为描述为“浮潜”，这种呼吸方式可以让它们在深水区行进时不被发现。

另一些海洋生物学家认为，灰鲸自知在深水区易受攻击。虎鲸会先从下面撞击灰鲸幼崽，再把它们拖到水下淹死。2004 年 4 月和 5 月，虎鲸在蒙特雷湾发动了 22 次袭击，猎杀了 15 头灰鲸幼崽。蒙特雷湾的深水大峡谷是灰鲸向北迁徙的必经之路，对带着幼崽的母灰鲸来说，那是令人胆寒之地。近年来，座头鲸有时候会路见不平对灰鲸母子伸出援手，但并不能次次成功。

对灰鲸观察得越多，我就越发相信它们是在躲避虎鲸。如果我是灰鲸，我也会那样做。但是，虎鲸为了生存、为了养育孩子而猎杀灰鲸，也无可厚非。海洋如同生机勃勃的原野，像非洲大草原或北极苔原一样狂野，捕食者与被捕食者每时每刻都在进行生死搏斗，只是在深不见底的海洋中，这种你死我活的搏斗不太容易被看到。

由于难睹鲸鱼的真容，我总是不停地寻找近距离观鲸的机会，但绝没想过在沙漠里找鲸鱼。2000 年 3 月，我真的在沙漠里找到了鲸鱼。我和我当时的丈夫开车从墨西哥下加利福尼亚半岛的洛雷托市前往著名的圣伊格纳西奥潟湖，在库伊玛生态旅游营地住下。每年冬天，灰鲸都会来到圣伊格纳西奥潟湖，此地因此而闻名。灰鲸在这里交配、产仔，生下长达15英尺（4.6米）、重约1500磅（680.4千克）的幼鲸。据说灰鲸十分友善，它们与船上的人互动，即使算不上喜欢社交，也算十分有耐心了。正是这些与鲸鱼近距离接触的报道把我吸引到了这个陌生的地方。

我从未去过沙漠。我一直更喜欢凉爽潮湿的温带雨林，那里的西部红雪松、西部铁杉和太平洋浆果鹃在铁线蕨和剑草旁边恣意生长；我也喜欢郁郁葱葱的夏威夷热带风光，那里的空气中弥漫着淡淡的鸡蛋花的香味。沙漠与这些地方迥然不同。我朝车窗外望去，光秃秃的一片，一棵树也没有，这让我不禁想起家附近奥林匹克山林线以上荒凉的碎石坡。接着，我注意到原本棕色的地平线上出现了一抹绿色。离那抹绿色越来越近后，我认出这是高大的棕榈树，它那长长的绿色叶子在热风中翩翩起舞。那是一片绿洲。我以前从未真正相信过有什么沙漠绿洲，一直认为它是好莱坞凭空想象的。当我看到遍地的高大仙人掌像投降的枪手一样举着双手时，抑制不住地兴奋起来。刹那间，我喜欢上了这片沙漠。

我们在绿洲小镇圣伊格纳西奥停下来歇了歇脚，参观了一些景点，包括一个建于18世纪的耶稣会传教区，又在坑坑洼洼、尘土飞扬的路上开了两个小时。沙漠中的“海市蜃楼”很快变成了盐滩上圣伊格纳西奥潟湖的蓝色海水。

我们到达了库伊玛生态旅游营地的库伊玛塔小营地，它坐落在潟湖边，营地周围的沙漠上是一条条被太阳晒得发白的蚌壳路，它们通向草棚餐厅，我可以在那里享用墨西哥海鲜大餐。远处的沙漠中，有几个小厕所和太阳能淋浴间。

我竟然来到了这个地方，在离灰鲸咫尺之遥的地方安营扎寨。看着灰鲸喷出的水雾，看着它的尾鳍在海面上久久停留，我感到心潮澎湃。它们在无人打扰的沙漠潟湖中悠哉游哉。我迫不及待想见一见友善的灰鲸。与一头野生灰鲸亲密接触是我一直以来的愿望。“明天见！”，我告诉自己。当天晚上，灰鲸扑哧扑哧的呼吸声伴我入眠，那是我听过的最祥和的声音之一。

曾经的圣伊格纳西奥潟湖可不像现在这样是灰鲸栖息的安宁之地。从中世纪开始，巴斯克捕鲸者疯狂捕杀生活在美国东海岸和欧洲西海岸的灰鲸，致使灰鲸在当地绝种。1846~1874 年，捕鲸者进入潟湖，捕杀了 4000 多头灰鲸，导致东太平洋的灰鲸几近灭绝。在墨西哥的一些潟湖，灰鲸被称为“魔鬼鱼”，因为它们（其中大多是母鲸）会为保护幼鲸而与捕鲸者厮杀搏斗，拼得头破血流。许多幼鲸被捕鲸船捕获，用以引诱成年灰鲸上钩。也有许多捕鲸者在与灰鲸的搏斗中命丧黄泉。

虽然灰鲸从 1936 年开始就在美国受到了保护，然而，1964~1969 年间，仍然有捕鲸者在加利福尼亚州的捕鲸站打着科学研究的旗号捕杀了 311 头灰鲸。灰鲸可以活到 70 岁，我常想，那时出生的幼鲸一定会因为母鲸被捕杀留下深深的创伤吧。

心理学家、生态学家、俄勒冈州野生动物保护区克洛斯中心的执行董事盖伊·布拉德肖（Gay Bradshaw）是第一个诊断人类以外的物种创伤后应激障碍的人。2005 年，她对一群自由生活的非洲象进行了创伤后应激障碍诊断，因为它们遭受了一系列的人类暴行。它们的行为被列为“异常”。这些本性温和的动物变得对同类和其他物种都具有攻击性。在家庭生活中，它们也表现出异样，比如对自己的孩子不管不顾——这绝对不是正常大象的行为。它们表现出与抑郁、情绪障碍等患者一致的行为。换句话说，一些原本不会惊扰象群的事物现在很容易就会吓到这些大象。

2012 年，一些神经科学家共同签署了一份《关于非人类动物存在意识的剑桥宣言》。这份宣言首次指出：“人类不是唯一具有产生意识的神经基质的物种。许多非人类动物，包括所有哺乳动物和鸟类以及章鱼在内的许多其他生物，同样具有这些神经基质。”这一宣言令人震惊。根据这些科学家的说法，许多动物的大脑和人类的大脑一样，具有创造思维、产生感觉和意识的结构。

在虎鲸网组织的“2017 与虎鲸同行”的研讨会上，盖伊·布拉德肖在一段录音讲话中就这一宣言发表了自己的观点：“神经科学的发现表明，物种间的差异可能归根结底只是文化差异。”

这一惊人的神经科学宣言也承认“双向推理”。几十年来，科学家们一直在研究老鼠、猴子以及其他物种的大脑。法律允许我们对动物做的事，换作对人类，就是违法行为。我们可以对人类大脑是如何思考的做出推断，但反过来却不行——我们不可以推断动物的大脑是如何思考的，因为那就变成了拟人论，长期以来这在科学界是一大禁忌。

现在，有了这个新的科学宣言，见证动物的情绪便有了有力的依据。就像在夏威夷的低频主动声呐测试中那头被遗弃的座头鲸幼崽感受到的痛苦，我也感同身受一样。我们说狗或猫看起来很快乐或很悲伤，如果有一些相应的动物行为作为依据，而不仅仅是靠猜测，就可以当作有效且科学的评价。

如果大象因人类的暴行而产生创伤后应激障碍，且现在科学家承认，在特定情况下，哺乳动物和我们人类的感受相似，那么我有信心做出这样的假设：遭受过捕杀的鲸鱼会产生某种程度的创伤后应激障碍。

最近的这些发现使得我对灰鲸表现出的友善更加费解了。一头灰鲸为何在它的有生之年从“魔鬼”变成了“朋友”，以求得人类的关注呢？我们会把自己的孩子交给伤害过他们的人吗？身为母亲，我必须承认，这种选择让我非常为难。

非暴力不合作运动的领导者甘地有一句常被人提起的名言：“一个国家的伟大程度可以用如何对待动物来衡量。”2013年，印度成为全世界第一个承认并宣布“海豚是非人类的人”的国家。印度禁止捕杀这些“高智商、善解人意”的哺乳动物，已经在人类与鲸目动物的关系上迈出了巨大的一步。其他国家也倡导禁止捕杀鲸鱼。“同样，鲸鱼有让人们熟知和被认定为非人类的‘人’的固有权利。既然我们承认它们有‘人格’和生存权，我们也需要通过认可它们的原住民权利来承认它们古老而丰富的文化。它们在当地生活的时间比人类要久远得多。”声呐公司联合创始人兼科学部主任托尼·弗罗霍夫（Toni Frohoff）说。声呐公司是一个集智库、咨询和研究为一体的组织，致力于探索人类与人类以外的世界之间的关系。承认非人类具有“人格”基于以下几个特征：有意识和自我意识、有情感、能解决复杂问题等。自 2012 年以来，托尼一直在国际捕鲸委员会的年度会议上倡导为灰鲸和其他大型鲸鱼设立一个“利害关系人”席位，该会议规定了每个成员国可以捕杀的每种鲸鱼的数量。

天终于亮了，这是我在圣伊格纳西奥潟湖观看鲸鱼的第一天。我们上了一艘独木舟，它有一个舷外发动机，接下来的两个小时，它将载着我们前往灰鲸王国。天空澄澈，海洋平静。远处的白色水雾已隐约可见。我的心跳加快了，因为马上就可以与灰鲸近距离接触了，而它们将使我们的船和船上的每个人显得很渺小。

船还没有开出多远，我就看到了一大片心形水雾，接着，它旁边出现了小一些的水雾，比我几分钟前看到的水雾要近得多。根据这两片水雾的大小判断,应该是一对母鲸和幼鲸在呼吸。另一艘船靠近了它们，我抓着独木舟的船舷，静静地等待下一刻的到来。

那艘船停了下来。我目不转睛地盯着那对灰鲸刚刚出现的地方。很快，它们又浮出了海面，与那艘船仅有咫尺之遥。船上的游客不会被长 40 英尺（12.2 米）的母鲸和长 20 英尺（6.1 米）的幼鲸吓到吧？母鲸会因为带着幼鲸离船那么近而紧张不安吗？母鲸竟然没有像我预想的那样游走，而是慢慢地推着自己的孩子向那艘船游去。

幼鲸将脑袋探出海面，面向两个穿着橙色救生衣的金发小女孩，船上的游客发出阵阵尖叫。女孩们俯身在船边，用她们的小手抚摸着幼鲸的脸。我惊讶得说不出话——倒不是因为女孩抚摸了这种野生动物的脸庞，当然这本身足以令人震惊；更多的是因为母鲸的反应。在我有生以来观察野生动物的经历里，我从未见过动物母亲主动将自己的孩子交到人类伸出的手中。这头 40 吨重的母鲸在海面上闲躺着，似乎对人类充满了信任。我清晰地感受到，母鲸不仅心平气和，而且心存感激，就好像它的孩子暂时离开了，它可以抓紧时间小睡一会儿。每个母亲都太需要休息了，身为母亲，我对此深有体会，感同身受。鲸鱼对人类如此信任，让我心中暖意融融。

幼鲸随后转身向我们的独木舟游过来。它离我们越来越近，我的心仿佛要跳出来，我一动不动，忘记了呼吸。虽然是幼鲸，它的个头一点儿都不小。它先游到了船的后部。我望着它，心中满是敬畏，船上的乘客一个接一个地抚摸着这头幼鲸的脸，发出阵阵惊叹声，就像人们见到婴儿时的反应一样。

轮到我时，我伸手去抚摸它的鼻子，这头“沙漠之鲸”主动抬起了它湿漉漉的脸庞。

“嗨！你真好看。”我说，好像在问候一只小狗。它身上没有藤壶和鲸虱，它的脸摸上去光滑且富有弹性。简直如梦如幻，我想。我正抚摸的可是一头鲸鱼啊！

噗，幼鲸突然深呼了一口气。

我被吓得往后一退，随即忍不住笑了。“哦！你吓到我了。”我笑着说，再次俯身去抚摸它那柔嫩的娃娃脸。

这是长久以来我梦寐以求的景象啊。亲近野生动物，感受它们的活力，是大自然送给我的一份不可多得的厚礼。

幼鲸滑入水中，向附近的灰鲸妈妈游去，我用目光追随着它身后泛起的波浪，祝愿它在这个蓝色的星球上一生平安。

返回陆地的途中，我静静地坐着，想起过去的种种经历，思绪万千。

鲸鱼身上的神秘力量是什么？也许是它们的超凡脱俗，因为它们生活在一个神秘莫测的环境中；也许是它们游动时的自在优雅，犹如在大海中穿行的精灵，丝毫不受地心引力的影响。它们身上有一种与生俱来的快乐，不论谁在它们身边，都会被感染。

在潟湖，看着母鲸和幼鲸与人类其乐融融的样子，我的心情放松了，我的心扉敞开了。我感受到了来自母鲸的宽恕，一如我从那只海豚妈妈身上感受到的宽恕，当时，我听到来自内心深处的声音：不必因身为人类而感到愧疚，你们是守护者。

为了让自己重新开始，我有理由相信在这个世界上还有与我之前的完全不同的生活方式。这些海洋哺乳动物的母亲在我心底播下了奇妙的种子，让我重新燃起了生活的热情。我放下心头的重负，不再苛责自己和他人。我终于把罪恶感扔进了垃圾桶，我曾一直背负着它，时刻感受到它的存在。我没有能力拯救整个世界，但我也许已经找到了拯救自己的钥匙——它是我通往唯一能主宰的世界的钥匙。

我更加注重与自然的关系了。我周围的一切都郁郁葱葱、生机盎然：第一批水仙花开了，绽放出娇艳的黄色花瓣；画眉鸟一展歌喉，唱出甜美婉转的曲子；我聆听着身披条纹的猫头鹰的叫声和座头鲸的呼吸声。我探索着自身之外的世界，期待收到更多信息。我观察着生命中出现的一切，想要确认自己是不是走上了一条正确的路。我梳理了一下自己的思维方式，与以前的杂乱一刀两断，像清理抽屉里的垃圾一样把它们统统扔掉。

我对生活和世界形成了一种更加感性的认识。我可以感受到地球母亲在等着我们自我反省，等着我们意识到鲸鱼、海豚、熊、狼、鸟以及其他与我们共同生活在这个星球上的生物都能反映出人类自身的本性。我相信，人类拥有丰富的知识和经验，有能力重建我们的共同家园，实现人与自然的和谐共生。

在去圣伊格纳西奥潟湖的途中，我还看到了其他鲸鱼。我拍到了鲸鱼跃出海面和浮窥的极佳照片。有一对相当调皮的鲸鱼，其中一头游到了我们的船下，浮出海面时把船顶在了背上。刹那间，我们悬在了半空。大家有一些不安，但更多的是兴奋。然而，与那天早上与灰鲸幼崽的亲密互动相比，这些经历都不足挂齿。

在灰鲸生命的前 9 个月，即使有妈妈的呵护——每天喂它将近 50 加仑（189.3 升）富含 53% 脂肪的母乳，它仍然需要更多的好运和祝福，才能和妈妈一起游完漫长的 6000 英里（9656.1 千米），来到北方的猎食地。我想象着这对灰鲸母女穿行在交通繁忙的航道，伴着震耳欲聋的海军声呐演习，时不时还有饥饿的虎鲸群路过。但是现在，在接下来的两个月里，那头灰鲸幼崽将享受作为婴儿的安宁以及人类的陪伴。

多年以后，当我站在洛基溪州立风景区，一边寻找被虎鲸惊吓的灰鲸一边和唐·罗思聊天时，那头灰鲸幼崽和它妈妈的画面又浮现在我的脑海。

“是什么让你在离开这么多年后又回来了？”我问他。我们已经在狂风暴雨中轮值了两个多小时。

“嗯，我觉得自己有点儿走火入魔。”他用眼角瞥了我一眼，脸上洋溢着笑容。

就在这时，一头灰鲸在我们眼前浮出海面，离海岸大约200码（182.9米）。

“喷了！”我俩同时喊道。此时我们眼里只有那头鲸鱼了，我们再也没讨论过他为何又回来了这件事。但我明白，唐并非走火入魔。他像我一样，像其他许多人一样，一直在寻找，期待与鲸鱼、与其他野生动物建立深层联系，唯有如此，才觉得自己真实地活着。

后　记

虎鲸塔勒夸

对不起

请宽恕我

谢谢你

我爱你

——夏威夷语祈祷词“和和波罗波罗”

2018 年 7 月 24 日，20 岁的南方居留虎鲸塔勒夸（J35）在加拿大不列颠哥伦比亚省维多利亚市附近产下一头雌性小虎鲸。这是过去 3 年以来 J 群虎鲸产下的第一个活胎。第一批看到这个新生儿的观察者说，看到这头小虎鲸和它的妈妈以及 J 群其他虎鲸在一起游玩。大约半小时后，鲸鱼研究中心的生物学家也发现了这对鲸鱼。不幸的是，小虎鲸已经死亡，塔勒夸将它死去的孩子放在前额，带着它一起游，这是高度社会化的动物表达悲伤的正常方式，它们十分重视母幼关系和家庭纽带。

塔勒夸出生于1998年，它的妈妈叫安吉丽娜公主(J17)——这个名字取自西雅图酋长的女儿。西雅图市就是以酋长的名字命名的。塔勒夸刚出生时，南方居留虎鲸群定期（几乎是按计划）来到萨利希海，在圣胡安岛的西侧一带逗留，猎食大个头的奇努克鲑鱼。塔勒夸从妈妈和J群虎鲸的长辈——它的姑婆格兰妮（J2）、姨妈施皮登（J8）、祖母萨拉托加（J5）等老一辈雌性虎鲸那里知道了猎食的最佳地点、最佳时间和最佳方式。幼年时期的塔勒夸，极有可能在妈妈和祖母的监护下和姐姐北极星（J28）一起长大。2009年，北极星产下了它的头胎，名叫恒星（J46）。2010年，塔勒夸产下了它的头胎，名叫诺奇(J47)。姐妹俩一起养育双方的孩子。塔勒夸至少流产过一次，也可能是两次。当时，可能是它的姐姐陪伴在它左右。北极星2015年产下幼鲸北斗七星（J54）时感染了并发症，于2016年去世。塔勒夸、诺奇和安吉丽娜公主帮助照顾北极星的两个幼崽。那时，北斗七星刚刚10个月，恒星7岁。不幸的是，由于没有母乳，北斗七星很快就夭折了。

家族成员接二连三地发生不幸的事情，自己的新生儿又夭折了，塔勒夸承受的巨大悲痛可想而知。推己及人，触景生情，知道它身世的人，只需看一眼它的样子，就能感受它的痛苦，理解它的伤悲，这在神经科学上被称为“双向推理”。

接下来的好多天，塔勒夸一直带着它死去的孩子。我在网上看到过相关报道，深深为塔勒夸和它的家人感到难过。身为母亲，我能想象它的痛苦。我原以为塔勒夸会像其他海豚科的动物那样，三四天后就会放手，但是它没有。它带着死去的孩子游了整整一个星期。它的行为引起了广泛关注。世界各地各行各业的人们开始牵挂这头悲伤的虎鲸，电视、广播、电子杂志、社交媒体每天都在更新报道。

第 10 天，J 群虎鲸不见了，它们向西进入了太平洋，沿着海岸寻找鲑鱼去了，而塔勒夸仍然带着它死去的孩子。没人知道接下来会怎样。等待每天新的报道时，我的内心五味杂陈。我深知虎鲸的困境，明白食物不足是它们面临的首要问题，还有严重的毒素负荷和近亲繁殖等问题。我能感受到关注此事的其他人也同样悲伤和焦虑，就像我们可以感受到飓风、地震等自然灾害给大家带来的痛苦一样。

然而我没有沉浸在悲痛中。曾经，我在悲痛中无法自拔，觉得作为人类，我们对自己赖以生存的地球做了很多错事，我把这种悲痛化作了对地球的忏悔。但现在，我改变了。我重复着夏威夷语祈祷词“和和波罗波罗”，就好像我手持念珠，直到我能感受到海豚妈妈的宽恕，它传递的信息——不必因身为人类而感到愧疚，你们是守护者——依然在我耳畔回荡。我选择寻找美好和正直的一面。悲伤催生创造力，人们用各种方式表达自己的感受，在网上分享诗歌和绘画。我能感觉到人们对这些鲸鱼越来越同情，也能感受到集体良知中发出的声音——“我们现在必须做点儿什么。”我现在能够从另一个角度看待虎鲸妈妈背负痛苦的意义了。

接下来发生的一些事情，让情况发生了一些变化。曾经冒险拯救过孤儿虎鲸斯普林格的美国国家海洋渔业局公布了一个早已制订好的计划，他们要帮助另一头虎鲸。塔勒夸的二表姐斯利克（J16）的女儿——3岁的斯卡利特（J50）看起来身体状况很差，可能正在挨饿。科学家们报告，斯卡利特看上去很瘦，它以前的那种果敢不见了，而且经常落在家族其他虎鲸的后面。美国国家海洋渔业局的工作人员采取了一些措施喂养这头小虎鲸，这是对野生鲸鱼前所未有的干预。他们在船尾将鲑鱼射到小虎鲸前方约100码（91.4米）处，这样它就有望吃到鲑鱼。他们这么快速、果断地行动起来，帮助小虎鲸，让我感到很意外。我为他们第一次喂养小虎鲸的尝试而欢呼。

第16天，J群虎鲸和塔勒夸一起回到了内陆水域，塔勒夸依然带着它死去的孩子。科学家称，它的这一行为史无前例。从未见过一头虎鲸的悲伤会持续这么久。他们对它的健康状况深表忧虑。它进食了吗？它的“悲伤之旅”要持续到什么时候？它会掉队吗？

我很好奇，转而自问：它这么做到底为什么？我几乎立刻就有了答案——它在为我们所有人背负伤痛。领悟到这一点后，我心里瞬间平静下来。我仿佛看见勇敢的塔勒夸一直带着它死去的孩子，目的是让我们看到，它是在为所有人做这件事。只有亲眼看到了，我们才会深深地记住。我们的悲伤奔涌而出，在阳光下，有目共睹。第二天，塔勒夸就放手了。

感恩，让我看到了一个不一样的地球。有生之年，我看到了舆论的改变。我们已经意识到自己制造了很多有毒有害物质，对地球环境造成了污染。如今，很多有害化学物质已经被禁止生产，有些正在被清理整顿。那些曾为我们提供电力的大坝，现在也可以用其他可再生能源装备替代了。美国华盛顿州、俄勒冈州和缅因州的大坝被推倒了，鲑鱼回来了。虎鲸不再是“杀手鲸”，变得人见人爱了，人类看到了拯救它们的迫切性，看到了拯救它们的文化的迫切性。对死去的孩子放手后，塔勒夸又开始和家人一起嬉戏了。新的生活开始了。

鲸鱼的体形比较

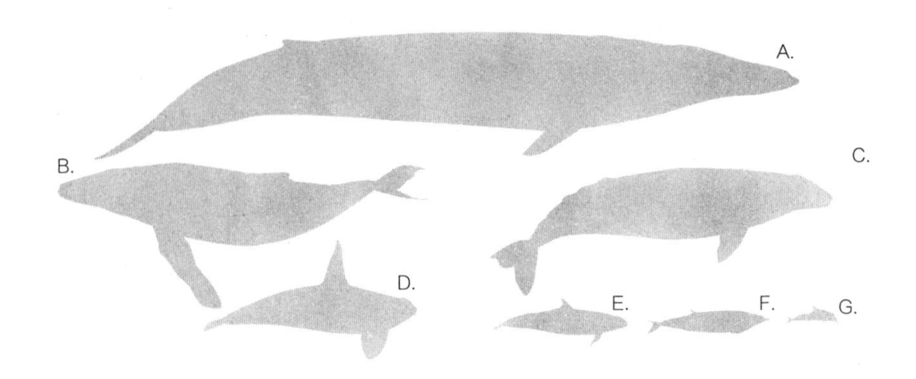

须鲸亚目（须鲸）†

A. 蓝鲸：长 95 ~ 108 英尺（29.0 ~ 32.9 米），重 165 ~ 200 吨，寿命 80 ~ 110 岁。

B. 座头鲸：长 49 ~ 52 英尺（14.9 ~ 15.8 米），重 40 ~ 50 吨，寿命 50 ~ 80 岁。

C. 灰鲸：长 42 ~ 49 英尺（12.8 ~ 14.9 米），重 30 ~ 40 吨，寿命 50 ~ 80 岁。

† 雌鲸比雄鲸个头大。

齿鲸亚目（齿鲸）*

D. 虎鲸：长 16 ~ 26 英尺（4.9 ~ 7.9 米），重 3 ~ 6 吨，寿命 50 ~ 105 岁。

E. 伪虎鲸：长 14 ~ 19 英尺（4.3 ~ 5.8 米），重 2600 ~ 4500 磅（1.2 ~ 2.0 吨），寿命 58 ~ 70 岁。

F. 柏氏中喙鲸：长 12 ~ 18 英尺（3.7 ~ 5.5 米），重 1800 ~ 2400 磅（0.8 ~ 1.1 吨），寿命未知。

G. 夏威夷长吻原海豚：长 4.5 ~ 7 英尺（1.4 ~ 2.1 米），重 100 ~ 165 磅（45.4 ~ 74.8 千克），寿命约 30 岁。

* 雄鲸比雌鲸个头大。

致 谢

这本书的完成得益于许多人。感谢你们抽出时间和我分享你们的知识：阿拉斯加鲸鱼基金会的弗雷德·夏普、安迪·休伯、利奥妮·马尔克、克里斯蒂娜·瓦尔德、丹妮尔·德里克、贾丝明·吉尔和麦迪逊·科斯马；华盛顿州奥林匹亚卡斯卡迪亚研究中心的约翰·卡拉蒙基迪斯、詹姆斯·福施、柯尔斯滕·弗林、简恩·塔克伯里、雷切尔·瓦赫滕东克、莉萨·伊尔德布兰德；卡斯卡迪亚研究中心夏威夷分部的罗宾·贝尔德、丹尼尔·韦伯斯特、金伯利·伍德、科林·康福思。感谢托尼·弗罗霍夫为推动鲸目动物的“人格化”所做的一切。感谢虎鲸网的苏珊·伯塔和霍华德·加勒特为鲸鱼研究所做的一切。感谢海伦娜·西蒙兹和保罗·斯庞分享的斯普林格的故事。感谢唐娜·桑德斯特罗姆分享的故事，让我看到了人性中美好的一面。感谢丹和丹尼斯·维尔克在“日食号” 包船上的愉快合作。感谢雷吉娜·阿斯穆蒂斯·西尔维亚和莎伦·杨，你们教给了我很多关于鲸鱼的知识还有与鲸鱼交流的技巧。感谢你们！

就个人而言，我要感谢位于西雅图的弗吉尼亚梅森医疗中心的医生、护士和其他工作人员，感谢你们挽救了我的生命。没有你们，我就不能写下这本书。感谢我的朋友和家人，感谢你们在我最困难的时候，给予我爱、祈祷、帮助和支持。你们知道我说的是谁。谢谢你们给我留下了深刻的记忆。

感谢我的写作老师、自然文字作家兼小说家布伦达·彼得森，感谢你精彩的教学、耐心的指导和热情的鼓励。没有你，我不会成为一名作家。非常感谢我的合作伙伴，感谢你们对初稿的深度编辑。

感谢我的第一个读者莫妮卡·斯特拉克，谢谢你鼓励我继续写作！感谢萨斯科奇图书公司的各位同仁——编辑加里·卢克、雷切尔·隆热·麦吉和伊丽莎白·约翰逊等。感谢你们对我第二本书的支持和辛勤工作。与你们合作，非常愉快！

感谢安迪·休伯，感谢你的耐心倾听以及提供的鲸鱼视频，衷心感谢你。感谢我的父母，你们对我写作的支持让我度过了那段艰难的日子，谢谢你们。感谢我的女儿埃莉，作为一个十几岁的孩子，你的观点我深信不疑，做你的妈妈是我的幸运！

最后，与鲸鱼为伴的经历改变了我，对此，我将永远心怀感激。

参考书目

Baird, Robin W. *Killer Whales of the World: Natural History and Conservation*. Stillwater, MN: Voyageur Press, 2006.

Baird, Robin W. *The Lives of Hawai'i's Dolphins and Whales: Natural History and Conservation. Honolulu*: University of Hawai 'i Press, 2016.

Calambokidis, John, and Gretchen Steiger. *Blue Whales*. Devon, UK:Voyageur Press, 1997.

Carwardine, Mark. *Whales, Dolphins, and Porpoises*. London: Dorling Kindersley, 2002.

Nestor, James. *Deep: Freediving, Renegade Science, and What the Ocean Tells Us About Ourselves*. New York: Eamon Dolan/Mariner Books, 2015.

Newell, Carrie. *A Guide to Resident Gray Whales along the Oregon Coast. Eugene*, OR: Nature Unlimited Ink, 2005.

Sumich, James. E. robustus: *The Biology and Human History of Gray Whales*. Corvallis, OR: Whale Cove Marine Education, 2014.

Whitehead, Hal, and Luke Rendell. *The Cultural Lives of Whales and Dolphins*. Chicago: University of Chicago Press, 2015.

鲸鱼资料来源

阿拉斯加鲸鱼基金会

（Alaska Whale Foundation）

非营利组织，致力于阿拉斯加东南部海洋哺乳动物的研究、保护和公共教育。

网址：AlaskaWhaleFoundation.org

美国鲸类协会

（American Cetacean Society）

通过开展公共教育、保护和研究工作，力求保护鲸鱼、海豚和鼠海豚及其栖息地。

网址：ACSOnline.org

卡斯卡迪亚研究中心

（Cascadia Research Collective）

该中心成立的主要目的是通过开展研究，促进海洋哺乳动物的保护。

网址：CascadiaResearch.org

鲸鱼研究中心

（Center for Whale Research）

支持、促进和组织圣胡安群岛的鲸鱼研究。

网址：WhaleResearch.com

海峡群岛国家海洋保护区

（Channel Islands National Marine Sanctuary）

1980 年由美国国家海洋和大气管理局（NOAA）划为保护区，范围包括海峡群岛链中 5 个岛屿共 1470 平方英里（3807.3 平方千米）的海洋栖息地。

网址：ChannelIslands.NOAA.gov

夏威夷座头鲸国家海洋保护区

（Hawaiian Islands Humpback Whale National Marine Sanctuary）

1992 年由美国国会建立，致力于保护座头鲸及座头鲸每年交配产仔的岛屿周围的重要浅海栖息地。

网址：HawaiiHumpbackWhale.NOAA.gov

蒙特雷湾水族馆

（Monterey Bay Aquarium）

非营利性质的公共水族馆，为公众了解加利福尼亚州蒙特雷湾的海洋生物提供了一扇窗户。

网址：MontereyBayAquarium.org

美国国家海洋渔业局

（National Marine Fisheries Service）

政府机构，其职责是维护《海洋哺乳动物保护法》，管理国家海洋资源和栖息地。

网址：Fisheries.NOAA.gov

虎鲸网

（Orca Network）

非营利组织，旨在提高人们对太平洋西北部鲸目动物的认识，宣传其安全、健康栖息地的重要性。

网址：OrcaNetwork.org

虎鲸研究室

（OrcaLab）

陆上研究室，利用水听器和记录站获得加拿大不列颠哥伦比亚海岸鲸鱼的声音和视频记录。

网站：OrcaLab.org

俄勒冈公园与娱乐管理部

（Oregon Parks and Recreation Department）

其开展的观鲸解说项目在俄勒冈海岸每年的观鲸周期间，为各个观鲸站派遣训练有素的志愿者，提供关于深海海洋哺乳动物的公共教育。

网址：WhaleSpoken.Wordpress.com

声呐公司

（Sonar）

推动以“建立对鲸类权利和非人类人格的认识和认可”为目标的研究。

网址：WeAreSonar.org

温哥华水族馆

（Vancouver Aquarium）

非营利性质的公共水族馆，致力于保护海洋生物。

网址：VanAqua.org

鲸鱼博物馆

（The Whale Museum）

最初是为野生虎鲸而建，现在通过研究和教育促进对萨利希海的所有鲸鱼的管理。

网址：WhaleMuseum.org

鲸鱼保护区项目

（The Whale Sanctuary Project）

一个让圈养鲸鱼和海豚在自然环境中度过余生的示范性项目。

网址：WhaleSanctuaryProject.org

鲸鱼寻踪组织

（The Whale Trail）

建立了一个陆上观鲸点网络，鲸鱼爱好者可以在这些观鲸点看到普吉特海湾和美国西海岸的鲸鱼。

网址：TheWhaleTrail.org

作者简介

利·卡尔韦对美国马萨诸塞州和夏威夷毛伊岛的座头鲸以及夏威夷岛的长吻原海豚颇有研究。作为博物学家，她曾带领世界各地的观鲸团去过亚速尔群岛、新西兰、加拿大不列颠哥伦比亚省等地。对大自然的热爱使她开始了与自然相关的写作并出版了第一本书《猫头鹰的秘密生活》（*The Hidden Lives of Owls*）。她在加拿大不列颠哥伦比亚大熊雨林探险的文章发表在《美国自然文学 2003》（*American Nature Writing* 2003）上。她的作品还被选入塞拉俱乐部图书选集《物种之间：海豚和人类的亲密联系》（*Between Species: Celebrating the Dolphin-Human Bond*）。其他论文发表在《史密森尼》（*Smithsonian*）杂志、《高地新闻》（*High Country News*）、《生态学家》（*The Ecologist*）、《海洋王国》（*Ocean Realm*）、《基督教科学箴言报》（*The Christian Science Monitor*）、《西雅图时报》（*The Seattle Times*）和《西雅图邮讯报》（*The Seattle Post-Intelligencer*）上。她也是一位写作教练，现在和女儿埃莉以及两只猫玛蒂和比兹比一起生活在华盛顿州的苏夸米什。